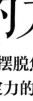

悦己的力量

摆脱焦虑内耗，
活出自我肯定力的8个方法

[美]
克里斯蒂娜·哈雷特
(Kristina Hallett)
著

陈秋慧 译

OWN
BEST
FRIEND
EIGHT STEPS TO A LIFE OF
PURPOSE, PASSION, AND EASE

机械工业出版社
CHINA MACHINE PRESS

随着社会压力的加剧，现代人很容易就陷入工作、生活的沼泽中而迷失自我，时常感到焦虑、抑郁、孤独和无助。在本书中，哈雷特博士向我们示范了如何带着意义、激情和目标生活，让自己成为自己的精神向导。书中还提供了自我赋权的 8 步法，助你与真实的内心重新建立连接，在喧嚣中回归宁静，成为最好的自己。那些认为我们不值得拥有快乐，没有时间充实地生活，没有勇气去追求理想的想法是绑架我们的绳索，哈雷特博士会教会我们如何一根一根地切断这些绳索。

Own Best Friend: Eight Steps to a Life of Purpose, Passion, and Ease / by Kristina Hallett / ISBN: 9781683506294

Copyright © Kristina Hallett, 2017

Copyright in the Chinese language (simplified characters) © 2021 China Machine Press

本书简体中文版由 Kristina Hallett 通过深圳市长春藤国际教育咨询有限公司授权机械工业出版社在中国大陆地区（不包括香港、澳门特别行政区及台湾地区）出版与发行。未经许可的出口，视为违反著作权法，将受法律制裁。

北京市版权局著作权合同登记　图字：01-2021-3407 号。

图书在版编目（CIP）数据

悦己的力量：摆脱焦虑内耗，活出自我肯定力的 8 个方法 /（美）克里斯蒂娜·哈雷特（Kristina Hallett）著；陈秋慧译. —北京：机械工业出版社，2021.9（2024.5 重印）
书名原文 Own Best Friend Eight：Steps to a Life of Purpose, Passion, and Ease
ISBN 978-7-111-69041-2

Ⅰ. ①悦…　Ⅱ. ①克…②陈…　Ⅲ. ①成功心理-通俗读物　Ⅳ. ①B848.4-49

中国版本图书馆 CIP 数据核字（2021）第 172735 号

机械工业出版社（北京市百万庄大街 22 号　邮政编码 100037）
策划编辑：侯春鹏　　责任编辑：侯春鹏
责任校对：黄兴伟　　责任印制：常天培
北京铭成印刷有限公司印刷
2024 年 5 月第 1 版·第 3 次印刷
145mm×210mm·6.375 印张·2 插页·137 千字
标准书号：ISBN 978-7-111-69041-2
定价：58.00 元

电话服务　　　　　　　　　　网络服务
客服电话：010-88361066　　　机　工　官　网：www.cmpbook.com
　　　　　010-88379833　　　机　工　官　博：weibo.com/cmp1952
　　　　　010-68326294　　　金　书　网：www.golden-book.com
封底无防伪标均为盗版　　　　机工教育服务网：www.cmpedu.com

谨将此书送给桑德拉

从一开始，你就是我的光芒，
我的爱，我的灵感。
我亲爱的女儿桑德拉，我把这本书送给你。

前　言

在此书中，克里斯蒂娜·哈雷特（Kristina Hallett）博士讲述了在现代生活的沼泽中如何摆脱迷失的自我。她向我们示范怎么带着意义、激情和目标生活，她也告诉我们如何成为自己的精神向导。在现实世界中，我们几乎可以在地球的每一个角落使用GPS卫星来指引我们，但我们却失去了自己内心的导航系统。世界上的许多人觉得自己跟周围的人在精神上都是连在一起的，虽然他们都有彼此互连的错觉，但还是有很多人感到失落和孤独。在日常有关自我修行的电视节目中，你会看到抗抑郁药的广告充斥其中。当你发现这些现象的时候，就说明有些事不太对劲了。

在我和克里斯蒂娜谈论她的新书不久后，我有幸完成了一次浸入式的印度寺庙朝圣之旅。这个过程唤起了我的灵性、正念和耐心。它训练了我的耐心。这些寺庙有很多宝藏，包括雕塑、古建筑、珠宝、鲜花，我好似经历了一场不同感官的海啸，它刺激着我的嗅觉、视觉、听觉、触觉和味觉。

当我排着队前往寺庙的内殿去见证充满特色的神灵时，我在沿途的角落里看到了许多其他的小雕像。这些雕像背后所蕴含的神话反映着有关人类的责任、服从、纪律、牺牲、命运和希望，这些都是人类肩头的重担。

象头神甘尼许（Ganesh）是印度教中最受欢迎的神，也广被西方人所接受。长话短说，象头神甘尼许是湿婆（Shiva）和帕尔瓦蒂（Parvati）的儿子，由于一个小小的误解，他的头被一头大象的头代替了。他有一个仁慈的灵魂，被尊为障碍的清除者智慧的化身。他作为障碍清除者的地位在西方引起了最强烈的共鸣，象头神甘尼许的雕像经常作为应对困难情况的护身符。

在我参观过的一个寺庙里，当我看到一个特别的象头神甘尼许雕像的一瞬间，我意识到也许几乎所有的障碍都是感性的和虚幻的。很多人都会膜拜象头神，为的就是过上更顺利的生活（包括人际关系、教育、职业和金钱方面等）。但是，你是否也想过怎么移除自己内心的障碍？比如，我们会对自己说："我没法做这件事情""没有人这么晚才转行""我根本不够好""如果我被人拒绝了怎么办"。我们看来是一些外在的障碍（像金钱、时间、其他人的眼光），其实都是我们内在给自己设的关卡。

那么,这是否意味着我们只要用不同的方式思考就能消除这些障碍呢?这是认知行为疗法的中心前提。人们向象头神祈祷,并希望他能移除那些外在的障碍,但也许我们都有一种内在的神性,它能让我们以不同的方式思考这些障碍,并重新诠释它们。

神经学家罗伯特·萨波斯基(Robert Sapolsky)提出过,斑马不会得溃疡,因为它们并不会把小事放在心上,它们只会把交感神经系统用在真正危险的事情上,比如一头将要冲过来的狮子。我们人类把大量的时间和脑力消耗在很多假设性的问题上,我们经常问自己"如果这个情况发生了那怎么办"或者"我是否应该这样做",这些假设性的担忧对我们的精神、身体造成了巨大的损耗。

我们的这些障碍、绊脚石、恐惧和焦虑是什么?虽然我们的许多担忧是真实存在的,例如金钱、疾病、项目的最后期限等,但这都是我们给自己设的难题。即使我们的生活出现了真正的障碍,我们也通常会把它们的意义扭曲。很多时候,我们会告诉自己:"如果我不能在截止日期前完成,我的工作就完蛋了""如果我赚不到足够的钱,我就不会成功"。很多障碍都是别人对我们的期望造成的,他们期望我们能找到"正确的"职业、"正确的"伴侣,过"正确的"生活。这样一来,我们所面对的难题就变成了我们得按照别人的规定来生活,而不是过自己想要的生活。我们就成了他人剧本中的演员,而不是创造自己生命剧本的导演。也许通过印度教的古代神话和现代神经科学的研究,我们不难发现一个相似的轨迹,那就是我们老爱把时间浪费在虚幻的恐惧中。

更重要的是,我们想要越过这些障碍,而这些障碍正在阻止我们过上真正让自己满足的生活。这些障碍使得我们有了逃避的借口,不去面对自己的恐惧,也不去面对真正的自己。人们为了跨越这些困难,会去拜象头神或对着星星许愿。其实,他们都忘记了自己就有能力做出改变,甚至让这些障碍统统消失。

阿奈丝·宁(Anaïs Nin)写道:"把自己推向从未去过的地方是需要勇气的……来,测试你的极限……突破障碍。当你能做到这一件事情时,有一天,你就会发现紧紧守着原本的位置不动比冒着风雨去闯更痛苦。"此书是一本类似手册的书——一本指引你突破障碍,冒着风险开花结果的教科书。

当我们按照别人的期望生活时,我们经常会在做决定时受到阻碍。无论是日常生活中的琐事(比如要去哪里吃饭),还是重大的问题(比如你不知道自己是否要嫁给心上人),我们都会被社会、家庭、自我的敌对声音所迷惑。虽然其他人的意见在某种程度上可以帮助我们,但同时也成了我们行动的阻力,让我们最后筋疲力尽。

过着别人想要我们过的生活是一种逃避焦虑的方式。当我们这样做时,我们会陷入一种简单的防卫中,把我们的遗憾、过失归罪于他人。当我们没法过上理想生活的时候,我们会不知不觉地埋怨这都是别人的错,比如会埋怨说,是他们当初让我不要改变的,是他们给了我错误的建议。

哈雷特博士认为我们要认识和信任一个永远支持你的人,而那个人就是你自己。她承认这不是一个简单的旅程,充满激情和有目的的生活意味着向内心探索,了解你自己的力量、资源和勇气。她会教你每天做一个小练习,让你跟最好的自己重新建立连接,并帮助你成为最好的自己。那些认为我们不值得拥有快乐,没有时间充实地生活,没有勇气去追求理想的想法是绑架我们的绳索,哈雷特博士教我们如何一根一根地切断这些绳索。

在这个旅程中,你会发现你所需要的指导思想跟众多神话是很相似的,包括《罗摩衍那》《伊利亚特》《奥德赛》《魔戒》,甚至《绿野仙踪》(它们都鼓励你寻找勇气、智慧、爱和归属感)。正如弗洛伊德、马斯洛、默里(Murray)和罗杰斯(Rogers)等心理学家以及古代的史诗诗人所启示的那样，我们其实很清楚自己需要什么，但我们需要一些指导才能达到目的。这个真实的精神向导可能是《魔戒》中的佛罗多（Frodo），也可能是《绿野仙踪》中的多萝西（Dorothy）。而现在，哈雷特博士就是那位马上就能启发你的精神向导。

拉玛尼·杜尔瓦苏拉（Ramani Durvasula）博士
加州 洛杉矶

目 录

前 言

第 1 章　迈向最佳人生　　　　　　　　　...001

第 2 章　写给你的情书　　　　　　　　　...021

第 3 章　自我赋权（EMPOWERS）过程　　...033

第 4 章　E——增强自己的能量　　　　　...043

第 5 章　M——给自己多留点时间　　　　...055

第 6 章　P——练习不同的视角　　　　　...075

第 7 章　O——拥有最好的自己　　　　　...101

第 8 章　W——唤醒内心最厉害的东西　　...117

第 9 章　E——想象自己内心的目标　　　...133

第 10 章　R——移除障碍，勇往直前　　　...149

第 11 章　S——让你的光芒闪耀　　　　　...167

第 12 章　目的地就在前方　　　　　　　...183

致　谢　　　　　　　　　　　　　　　　...187

有关作者　　　　　　　　　　　　　　　...190

谢谢你　　　　　　　　　　　　　　　　...192

第 1 章
迈向最佳人生

"我不会让自己为任何事后悔。"

——Sugerland 乐队的歌曲 "Settling"
中的一句歌词

你的生活过得怎么样？说实话，你觉得自己过上了最好的生活吗？从现在开始，我希望你能拥有你想要的一切。我知道你被无数件你必须要做的事情缠住，而你感觉疲惫、压力很大、不堪重负，长期处于一种没有获得感的状态。你觉得自己错过了真正快乐的或自在的人生，你觉得自己并没有成为自己想要成为的人或是带着目标和激情生活。这本书在这些范畴（或更多其他范畴）内能为你提供简单的解决方法。

这本书适合你吗？你是否有过以下的想法？

- 我的生活中错过了些什么。
- 时间一天天地流逝，但我过得一点都不开心，这影响了我和孩子的关系，更影响了我的工作表现。

- 我压力很大,而且一点改善都没有。
- 我一直在尝试不同的东西,但这对我的生活都不起作用。我觉得很累,而且我觉得自己肯定有什么事情做错了。
- 我不知道自己到底能不能真正快乐起来。每次我觉得我已经振作起来了,就会遇到一些困难,让我回到原点。
- 我有太多事情要做,太忙了,根本没有足够的时间睡觉。我的日程排得满满的,所以我更不可能有时间做运动或做自己喜欢的事情。

如果你有任何这样的想法,我很了解你的心情。生活是如此忙碌,我们好像没有足够的时间来完成所有事情。至少在你眼里,生活好像真是如此(也许它对你的朋友来说也是如此)。当你终于有时间跟你的闺蜜见面的时候,你却发现彼此只顾埋怨你们的孩子让你们多么劳累。然后,你可能会说自己每天都要跑东跑西,带孩子去不同的地方参加课外活动(可是,这可是你的选择,所以你有必要埋怨吗)。谈完孩子之后,你们可能会谈到自己的工作。你可能会说,你的工作还不错,但是你总觉得缺失了什么似的。跟朋友见面肯定少不了谈谈自己的另一半,当你谈到你的丈夫或男朋友时，你可能会把自己的亲密关系形容得很复杂（有趣，哪种人际关系不复杂呢）。

我认识几位女性，她们有着同样的处境。有些女性回到家后，会先在车里坐坐才进屋，好让自己在面对家里一大堆家务前先喘口气。也有些女性会在浴缸里泡澡泡很久，为的只是想有片刻属于自己的时间。

这些女性甚至会在吃早餐前为一大堆决定和责任而烦恼。这些女性希望自己每一方面都过得很充实，而她们都曾经怀疑过，究竟有没有人能达到这种境界？

这些女性扮演着不同的角色，分别是一位很棒的朋友、母亲、女儿、配偶、女朋友、老板和同事。在你的生活中，你也认识她们，她们是你的姐妹、朋友、母亲、女儿或同事。当你见到她们的时候，你对她们的印象是如此深刻。你会看到她对工作是多么认真，达到了多少目标，并是多么在乎她们所做的。有时候，你不禁会想，她们是如何做到这一切的？她们到底是如何平衡家庭、工作和感情的时间的呢？她们怎么看起来总是那么正面，而且还可以经常面带微笑？她们是如何兼顾那么多事情，而且还不觉得烦躁的呢？她们的秘密是什么？我如何做才能跟她们一样呢？

你要知道，这些女性都有过和你一样的怀疑、担忧、挣扎和挑战。她们跟你所面临的实际情况可能不同，但在内心深处，真正重要的是，她们完全理解你的忧虑，这是因为她们和你有着相同的经历。在这里，我想告诉你一件会让你欣慰的事，那就是你完全能跟她们一样，你也完全可以拥有她们拥有的东西，你完全可以过上有意义和充实的生活。你可以拥有一份自己喜欢的工作，拥有属于自己的休闲时间，同时还能完成所有的任务。总有一天，你会对自己非常满意，你会有内心的目标，过上自己想要的生活。更重要的是，你能变成真正快乐的人。

如果你遇见特蕾莎，你会觉得她已经得到了完美的人生。她有一份自己非常喜欢的工作，这让她能够持续地自我成长和发展。她跟朋友有着牢固的友谊和一个稳定的家庭（虽然她跟自己母亲的关系有点问题，但总体来说，已经比以前好多了）。特蕾莎是一名已婚女性，有三个聪明活泼的孩子。如果你看到她本人，你会对她的风度和举止印象深刻。她对自己的感觉良好。最近，她还决定继续深造，并且在她那排得满满的日程中再加上新的任务。你对此并

不觉得惊讶,因为你可以看出她能处理好这一切。另外,她还定期去健身房,并且掌握了你经常听到的有关"正念"的窍门。但这并不能代表她全部的生活。

当我开始与特蕾莎讨论她生活中的难题时,从表面上看来,上文的描述大部分都是事实。她曾有一份她喜欢的工作(但并非现在这份工作)和一所漂亮的房子。她结婚了,有了自己的孩子,并且有一段看起来很美满的婚姻。但是,这只是她生活的表面。事实上,特蕾莎经常感到压力很大。她和老板相处得很不愉快,这降低了她对工作的满意度。她总是急急忙忙地完成不同的任务,而且已经有很长一段时间没去过健身房了。她有自己的朋友,但她感觉自己跟她们并没有精神上的联系,那是因为她根本没时间培养友谊。更肯定的是,她没有属于自己的时间。在她那排得满满的日程中,你甚至不会找到这一项。

特蕾莎从来不会拒绝别人对她的请求,她总是为自己添加更多的任务。到了晚上,她很难把自己的思绪停顿下来,而且她会不断回顾自己是否做得足够好。她隐约感到自己的生活不止于此,她想成就更多事情,她总是觉得自己的人生似乎缺了些什么。即便她知道自己具体想完成什么,但她却清楚地了解自己不能成功,原因就是她实在是太忙太累了，弄得自己根本没有时间好好思考。她曾多次尝试阅读别人推荐的自助书籍，但这似乎都不起作用（而且，老实说，她很不喜欢别人提议她应该"多些独处的时间"，因为她清楚自己根本没法做到）。总的来说，她的心情还过得去，那是因为她试图保持积极的态度，但是在她的内心，她感觉自己正在慢慢下沉，且看不到尽头。她知道有些东西必须要改变，而且她必须很快做出改变。可惜的是，她不知道自己应该改变什么和如何改变。

在这本书里，你将会发现通过我们的"功课"，包括一些改善自己生活的窍门和技巧，特蕾莎终于达到了内外平衡一致的境界。而且，她对自己的生活感到很快乐和满足。但是，这并不意味着她从来没有过糟糕的日子或者从来没有沮丧过。幸运的是，通过本书介绍的一个全新的系统，她重新看到了生活的希望。事实上，她现在的生活实在是棒极了。她得到了一份更好的工作，薪水更高，而且她还做着自己喜欢的、富有挑战性的工作，她还有一个很棒的老板。她开始定期见见朋友，有时候安排一些家庭聚会，或者只是密友之间的聚会。

她很高兴终于实现了自己长期以来的梦想，那就是攻读高等学位。她开始吃得更好，睡得更香，比之前健康多了。特蕾莎开始做瑜伽，并终于感觉到了内心的平静和满足。以前，她根本不知道自己也能如此快乐。这本书就是要教会你如何做到。

也许你跟贝萨妮更像。当我们第一次见面时，贝萨妮是这样描述她的生活的："我需要帮助。我知道我的生活看起来很完美。我热爱我的工作，我有一个很棒的男朋友，我的家人也非常支持我。但是我一直都很焦虑。除了工作之外，我似乎提不起精神做应该做的事情，比如锻炼身体和采取平衡的饮食习惯等。我觉得自己被困住了。我觉得不开心，而我不知道该怎么办才好。如果我知道怎么正确激励自己，那么我就能做到这些事情。我就可以减肥或有更多时间和朋友在一起，我相信我会感觉更好。但现在，我似乎没有动力坚持任何事情。我甚至接受过很多次心理治疗。它能短暂地帮助我，但是它的效用很快就会消失。我很快又回到原点。我真的很厌倦这一切。我想真正地享受生活，而不是一直重复同样的模式。你知道吗？当我的男朋友说他觉得我很漂亮，或者他为我感到骄傲的时候，我是多么希望自己能真正地相信他，而不是想，他说的这些只是为了让我感觉好点。我从来没法接受任何人的称赞，

即便是我的家人。他们总是要我接受他们的赞美,因为他们是真心的。但是,我却无法说服自己他们是发自内心地称赞我。说实在的,我根本不知道自己的这种问题是从哪里来的。我知道自己现在的模样并不是自己想要的。"

贝萨妮的内心很挣扎。她看得出身边的人是多么支持她,她也很感恩有他们的肯定,但这似乎并不重要。她觉得自己就像陷在流沙中,她越想出来,就陷得越深。她一直在寻找能真正改变她生活的答案和解决办法。每次,当她觉得自己前进了一点点的时候,她就会马上后退到原点。她非常厌倦这种感觉,而她最厌倦的就是她知道自己是应该快乐的,却快乐不起来。

像特蕾莎一样,贝萨妮希望透彻地理解这本书中提到的策略并将其应用到生活中。当她遵从这些策略并过了八周后,贝萨妮兴奋地告诉我:"哇!我从来没想过自己的感觉会这么畅快。我真的非常开心。我一直在练习你说过的所有办法,效果很好。几天前,我和妈妈去上了瑜伽课,我玩得很开心。虽然我仍然不能完成导师教的所有姿势,但我已经可以完全不管别人对我的看法。而且,昨天一个同事称赞了我,我能很坦诚地接受他的赞美,我知道那种坦诚并不是装出来的。我突然意识到,我脑海中曾经不断否定自我的声音已经不复存在了。我太兴奋了！我觉得自己终于把握了要诀。我能很肯定地跟你说我的旧模式已经被完全改变了。"

我还想让你听听另外一位女性——桑迪的故事。我曾经深深地觉得她就是一位"自救大师"。她总是听播客，看书，看不同的节目，想办法"找到真我"。当我见到她时，她告诉我，她"曾经感到幸福和满足"。后来，当她的生活出现了障碍，她就突然发现自己再也找不到可以支撑的东西了。跟我一样，她也喜欢塔拉·布拉奇（Tara Brach）、派玛·乔德隆（Pema Chodron）、布琳·布朗（Brene Brown）等作家，但她们明智的话对她都不起作用。她知道自己应该怎么做才对，但是她还是没能帮助自己摆脱困境。

当桑迪晚上睡不着的时候，她就会起床，开始在谷歌搜索那些自救指南。她会查找任何她认为可以解决她的问题的字眼，包括压力、快乐、自尊、内在目标、寻找生活中缺失的东西、一直很疲惫、冥想等。一般来说，当她这么做之后，就会有两种结果：要么她会找到一种新的方法让自己重新尝试，要么她会感到更加气馁，让一切都变得更糟。桑迪的问题令人沮丧，因为她经常会看到自己应该改善的地方，而且，她对自己的肯定通常不能维持很长时间。很快地，当她在工作中遇到新的问题时，她就又会回到起点，就好像什么努力都是徒劳一样。她对自我充满了怀疑，为自己"做不成对的事情"而着急。她觉得自己仿佛在追寻着不可能实现的梦想。

桑迪想有一种更好的办法管理她的时间表，这样她就能有更多自处的时间了。她想知道如何与两个女儿共度更多优质时光，并与丈夫建立更多情感上的联系（而不是感觉他是她的第三个孩子）。她想做更多自己喜欢的事，比如爬山。当她的老板把她排除在一次会议或谈话之外时，她不想自己那么容易就感到被冒犯或是被孤立。最重要的是，她想找到自己内心的目标，过上幸福而有意义的生活。

由于桑迪对一些非常棒的心理自助资源已经了如指掌（她甚至跟我分享了几本很好的书），一开始，我们都认为正确的做法是让她阅读更多书籍，并实践书中所教的东西。后来，事实证明我们的这个方向有对也有错。桑迪很熟悉我教给她的一些东西，尽管这些东西让她在某些方面了解得更深入，但同时也会妨碍她的进步。这是因为桑迪会认为自己已经很了解自己需要怎么做，所以，在我们讨论的时候，她并没有百分之百地专心听。幸运的是，我们很快发现了这个问题并进行了调整。桑迪发现，当她只是一味地寻找的时候，她的精神其实并没有完全投入在当下。我们发现了这个问题，然后联系她的其他问题，向她展示了一幅她的生活的全景，而她之前从来都没想过自己的生活原来是如此的。

桑迪的生活终于从根本上改变了。她在工作上得到了大幅提升，周末可以休息（她终于不作工作狂了），并有空参加女儿学校的活动，也不再在凌晨两点用谷歌搜索了。她还找到了自己内在的目标。之前，她没想过自己能做到这一点，她终于有勇气冒更多的险，她非常喜欢自己新的模样。

桑迪告诉我，她没有找回原来的自己；相反，她是一个全新的、改进了的自己。她的生活中仍然有很多潜在的压力源，但她正在以一种全新的方式处理她的压力。她知道自己并不完美，但她比以前感觉更踏实和自信了，并更清楚自己的内心和自己的目标。自从她跟随这本书所教的东西之后，她就再没回到那个讨厌的原点了。

这些女性的故事对你有什么启发吗？特蕾莎、贝萨妮

或桑迪的生活和故事是否跟你的经历相似，或者你和她们一样也在寻找迷失的自我？如果你遵循本书提出的办法和过程，你也能为自己的处境带来改善。你跟这些女性肯定有些共同点，但你的切身处境才是最重要的。我敢肯定地跟你说，这个过程对你和你的具体情况是绝对有效的。

为了充分利用这些策略，我们需要首先打下一些基础。这可能不是你第一次听到这些内容了。没关系。坚持下去，让自己全神贯注。如果你想要过自己一直想要的生活，你就得以一种新的方式把生活的碎片拼凑在一起，而不是一味期待结果。

让我们开始吧。

压力：它的真正作用和它的好处

当你感到有压力时，你的身体会有什么变化？你的肌肉开始变得紧张，你会开始觉得头疼、胃疼、吃得更多（或更少）、入睡困难（或睡得太多），你变得易怒、暴躁、缺乏耐心、难以忍受，常常感到焦虑、沮丧等。更糟糕的是，你可能会生病。如果这还不算最糟糕的话，那么你恰巧又在这个时候着了凉或受到某种细菌感染的话，你就知道崩溃的滋味是如何了。

老实说，压力并不都是坏事。压力会让你的战斗或逃跑（fight or flight）机制加速运转。在史前时期，压力就是人们的救命良药。当一个人在树林里愉快地散步，四处寻找好吃的东西时，他突然听到"嘭"的一声，一只巨大的老虎朝他飞奔而来，把他当成一顿美味的餐前点心。压力机制迅速到位，荷尔蒙充斥着他的身体和大脑，他的心跳加速（他知道自己不想成为老虎的晚餐），然后他就像飞出地狱的蝙蝠一样，不顾一切地飞回他安全、温暖的洞穴里。在这种情况下，压力会给他超人类的速度和灵活性，让他设法避免自己变成生肉扒。

当然，一旦他回到洞穴，而老虎已经开始寻找更容易接近的猎物时，他会觉得筋疲力尽。所有的那些让他自救的超能力都消失了，他几乎成了一个被榨干了的人，试图停止一遍又一遍地重放记忆。充满着这个人的身体的肾上腺素已经离开。如果他还能离开那个洞穴的话，那么他还很有可能决定以后成为素食者。

这就是压力机制帮助你应对紧急事态的运作方式。你在很多不同的情况下都经历过同样的事情。还记得那次你开车沿高速公路去上班,以每小时 5 英里的速度安全行驶,对着收音机大声唱歌吗?没有人在你身边让你烦躁,那一天是多么的美好,收音机在播放着你最爱的歌,而且你还非常享受地歌唱。突然,"砰"的一声,就在你前面的车猛踩刹车的那一秒,一辆车从你右边猛拐到你前面。眨眼之间,你就预感到会发生什么事了:三辆车连环相撞——除了你漂亮的车被撞坏,你会来不及上班之外,更糟糕的是,你很有可能会严重受伤。你猛踩刹车,向左边看了一眼,然后猛打方向,转进了那里的空车道,设法避免了一场可怕的车祸,与此同时你还一直注意着每一个细节的情况。一切都像慢动作一样进行,你甚至都不知道自己是怎么避过这一劫的,也不知道为何自己居然还能继续驾驶。

几分钟后,当你驶离高速公路时,你注意到自己一直在发抖,还在努力地屏住呼吸。那时你的车速再也没有接近过限速,你和前面的车之间的距离至少有四辆车那么远。然后,当你来到办公室开始工作时,你的呼吸已经恢复正常。你决定午餐时去星巴克喝一杯咖啡。你没有在上班的路上买这杯咖啡,那是因为当时你认为马上停车和尽快下车才是更重要的事。你或许会把这一段惊险的意外告诉你的同事，你会激动地形容那个混蛋如何差点毁掉你的生活。当你分享完这一切的时候，你会觉得很累，好像自己已经工作了一整天了。

以上所述的老虎追杀事件和混蛋司机事件的相似之处非常明显。在这两件事中，人的身体都会自动做出反应来逃过一劫，然后，它就会需要休息，以再次平衡自己的脑袋。这就是压力对你的好处，它能帮助你处理紧急情况。当你的身体或大脑感觉到威胁的来临并给予你行动的能力时，这种应激反应就会发生。当然，真实的情况也不一定像上述的例子那样戏剧化。你还记得在观众面前做演讲时（甚至只是为女童子军活动做简单的活动说明），内心深处的那种感觉吗？那也是一种应激反应。你的身心都在为你面对的潜在威胁做准备，让你做好应对或逃跑的准备。

> "当人的肉体和心思并不在同一个地方的时候，压力就会产生。"
>
> ——埃克哈特·托利（Eckhart Tolle）

埃克哈特·托利这句话很好地描述了我们一直在谈论的事情，同时也描述了另一种压力。你听过人们总这样抱怨吗？"我在太少的时间里总有太多的事情要做"说的就是这种压力。如果你回想一下你上一次感到不堪重负和受压的时候，你会发现自己已经经历过上面提到的大部分感觉。你会觉得自己的大脑在膨胀，就像快炸裂了一样。你感到紧张不安（而这不是因为你喝了太多咖啡），似乎不能清醒地思考，你觉得自己必须完成的事情比圣诞老人列出的礼物清单还要长。那个时候，你肯定是不快乐的。所有这些感觉涌进你的身体，而它们都是你对压力的反应。那个时候，你的意识仿佛跟你说你在面对生或死的状况，但其实并不然。你需要注意的是，你的身体其实并不能区分哪些情况是真正紧急的。一旦这些压力荷尔蒙开始出现，你就很难压制它们，除非你主动出击，进行干预。但这种干预并不是"深呼吸和冷静"就能做到的。再者，你觉得那真的有效吗？

事实是，在那一刻，你根本无法让自己冷静下来。这些讨厌的小应激激素忙于响应中脑杏仁核的指令。这是你大脑中触发内部警报的地方，它们能感应到危险并做出"快！快！快！"的应激反应。那时候，你大脑的杏仁核忙着发出警报。因此，它阻碍了你的理性大脑（前额叶皮层）评估真实情况并确定问题真正的危险程度。对杏仁核而言，你那些没完没了的任务跟一只流着口水、咆哮着的老虎（或是那个差点让你挂掉的粗心司机）是一样的。由于你的杏仁核决心要帮助你从这个可怕的威胁中拯救自己，它启动了内部的警报器，并发出越来越大的声音。当然，你很难在那种情况下冷静思考，而且你的头会痛，就像你真的站在一个闪烁的警铃前一样。在现实生活中，火警警报应该是刺耳的，因为它必须马上引起你的注意，让你立即逃走。你的杏仁核在大脑里在做着同样的事情。它只有一个任务，那就是把你从危险中拯救出来。因此，一旦紧急开关被触发，警报就会继续响（并且越来越响），直到危险消失。

停止这种疯狂的方法是重新设置警报。这听起来应该很简单，对吧？但如果你不能清晰地思考，你可能会记不住警报的开关在哪里。这甚至会是个大难题。这时，你就需要一些内置的系统来帮助你，那就是在警报响起，让你陷入"战斗或逃跑"模式之前，找到一种方法来发现即将到来的"危险"的最早迹象。当然，我们还有另一种模式，也就是僵死（freeze）模式。你见过一只兔子在你的草坪上跳来跳去吗？你从眼角看到了它，转过身大喊："看那只兔子！"（兔子都是很可爱的，所以你的反应是正常的。）当你突然大喊大叫的时候，兔子会怎么做？它会僵死在原地。它就停在它的位置上，静止不动，希望你看不见它。它的第一反应是停止所有的动作，假装自己是隐形的。它会想，不，这里没有兔子，你先管好自己吧，大怪物。

我们有时会做同样的事情。这是一种本能，是"逃跑—战斗—僵死"（flight—fight—freeze）模式的一部分。面对危险的时候，你可能会不知不觉地想："如果危险没有看到我，它可能会走开，然后放我一马。"你可能见过一只鹿做同样的事情。这种"僵死反应"已经在我们的大脑中根深蒂固，就像战斗或逃跑的本能一样。出于某种原因，人们很少讨论这种反应，但它确实应该多一点被讨论。在恐怖电影里，"被吓呆了"（frozen in fear）是主角经常有的反应。在这些电影里，你会看到主角尖叫然后奔向那个变态杀人狂。这是常常出现在好莱坞电影里的荒谬桥段。试想，如果你是电影里的那个人，你怎么会拿着斧头奔向要杀你的人？你肯定是第一时间逃离现场。另外，你肯定见过一个偷东西的孩子。当他被问到"你在做什么"或者"你手里拿的是什么"的时候，他一般都会停止在进行的动作，然后回答："谁？我吗？没什么。"他甚至希望手上的糖果（或者是在质问他的母亲）会奇迹般地消失。

我们的本能是很强大的。它需要强大的推动力来改变自动运行的模式。

在这本书中，我将与你分享压力能如何成为你的朋友（并不是那种难以拒绝、难缠的朋友）。你将有机会深入了解这八个强大的步骤，它们将打开通向持久改变的大门，增加你的自我接纳能力和工作效率，为你缔造幸福和自由。你会发现自己生命中一些隐藏的挑战，你也将会从你困住的地方前进。从许多客户的成功经历和本人经验的来看，我非常确定这个系统是有效的。在下一章，我将分享我是如何得到这些发现的。

第 2 章
写给你的情书

"如果鸡蛋壳被外力打破,生命就结束了。但是,如果它被内部力量打破,一个新生命就开始了。"

——吉姆·奎克(Jim Kwik)

这本书是我写给你的，但它最初的诞生却和我自身的经历有关。我写这本书（或者说提出这套方法）一方面是出于职业的原因，另一方面它的背后也有一个非常私人的原因。

我已经当了23年的临床心理学家（直到我写了这句后，我才意识到时间过得多么快）。我有几个专业领域，但其中最接近我内心的是帮助正在经历生活变化的女性。这意味着全方位的变化——从购买第一套公寓开始，然后得到第一份真正的工作，有第一个孩子，确定人生目标，管理职业和家庭，离婚或开展稳定的感情等。一直以来，我都在帮她们认识自己，帮她们找到生活的目标，然后帮她们面对最重要的问题：难道我的生命就只有这些吗？

我帮助过来自各行各业的女性，她们有着不同的生活经历。如果我把她们简单地形容为一个多元化的群体，那就是低估了她们之间的差异程度。然而，多年来，当我对不同女性［青少年、新手妈妈、事业和家庭兼顾的女性、"中年"女性（我很讨厌这个词）、单身人士、未婚人士、已婚人士、离婚人士、丧偶人士、再婚人士、女同性恋、异性恋］进行心理辅导工作时，我开始注意到她们的相似之处。那是非常惊人的相似。我开始更仔细地注意到，我和每个人都谈论了大体相同的八个领域。虽然顺序不总是一样，但这八个领域都会被提及。即使当我确信某位女性正在处理一种完全不同的情况时，这八个领域最终都会成为重要的讨论话题。

在发现了这一趋势后（说实话，我是花了很长一段时间才发现的，因为我一开始注意到的是她们所处环境的差异，而不是她们的问题的相似性），我就更清楚应该如何应对整个情况了。事实上，我也在反问自己，怎么没有更早地注意到每一种情况下的核心问题是多么紧密地联系在一起的？你可能也会想，在从事这项工作几年之后，我应该已经注意到，我在一个又一个客户面前谈论着同样的事情。但是，我确实是在一段时间后才意识到这一点。

而这就引出了我提出这套方法的个人原因。

从我的名字，你能看出来我是一名女性。很重要的一点是，我跟这些女性一样，都免不了要学习一样的课题。

一位临床心理学家花了许多年的时间来学习人类行为、情感以及帮助人们找到自身成长的方法。这种学习的重要部分通常包括经历自己的治疗性成长。我做到了，我愿意去接受心理治疗，努力提高自我照顾的能力，学会了主动说出自己的感受、意见、需求和愿望。我读了很多自助类书籍，并与朋友和同事谈论我所面临的挑战。如果你当时问我，我会告诉你我非常了解自己。我理解自己成长过程中形成的观点。我知道如何将基于理论的理解应用到我的特殊情况中，并且能够轻松地列出我曾经面对过和克服过的"问题"。我能区分我的内心感受和患者投射过来的感觉，以及当我听到或经历特定的故事或互动时触发的反移情的感觉（反移情是指当某人在谈论某件事时，你对正在发生的事产生了一种基于你自己的经历的内心反应，而不是基于对他们所分享的事的同情反应）。

所以，在投入了所有的知识、时间和个人努力之后，你肯定觉得我应该什么都弄清楚了,是吧?其实,在很多方面,我的确做到了。我做的是我热爱的工作,我在不断激发自己的兴趣,并保持这些兴趣。我有一个很棒的女儿,生活中也有非常支持我的人。我有关心我的家人,有像家人一样亲密的朋友。我能享受教育、舒适的住所、足够的衣服、食物和健康。我甚至养了一条狗。我已经那么富足了,我还能要求什么呢?

当然,每件事情都有另一面。我的第一段婚姻很早就结束了。在那之后,我就成为一名单身的职业母亲,在我努力管理家务,照顾我年幼的女儿以及处理日常生活中的所有任务时,我经常睡得比我的自助书中所建议的睡觉时间要晚得多。当我晚上躺在床上,等待着上天终于赐予我睡眠时,我就会开始思考自己到底哪里做得不对。为什么尽管我拥有成功生活的外表,但我还是会觉得我错过了很多?为什么我似乎不能找到适合自己的伴侣?为什么当我试着兼顾生活中的每一方面时,就意味着我会失去自己的时间?为什么当我为自己腾出时间时,我会感到内疚,而当我没能腾出时间时,我又会感到怨恨?为什么我希望有人帮助我,但我却从来没有主动寻求帮助,因为我相信自己"应该"能够处理自己的问题?为什么一天只有 24 个小时而不是 30 个小时？为什么如果我睡不够 6 小时，我的身体就仿佛不能运转呢？如果我能少睡几个小时就好了，那样我就可以收拾房间、洗衣服，甚至锻炼身体。

最重要的是，我想知道为什么自己不快乐。在我的早年生活中，我列出的能让我快乐的东西非常简单。我想在我的专业领域找到一份高薪的工作，养一个孩子，组建家（或者养一条狗），有要好的朋友以及一段幸福、充满温暖的恋爱。虽然在这几样中，我大部分都有了，但我还是过得不开心。即使当我拥有了一段美好的爱情时，我也没有自己想象中那么快乐。我知道这跟我的伴侣无关。后来，我终于明白了，如果我有一个很好的伴侣，那么我的恋爱就是我的加分项，但对我的幸福来说，它并不是必要的。我已经具备了让我快乐的各个要素，但我似乎仍然缺少一些东西。

最初，我以为自己缺少的是时间。如果我能更有效率，把我的生活计划得更好一点，那么一切都会变得井井有条。之后，我努力让自己多一点时间，但是情况没有好转。有些事情的确改善了，但是其他问题又浮现出来。我很欣赏自己能完成那么多事情，但这并没有增加我的快乐程度。虽然我开始计划自己的时间，用记事本把我要做的事情记下来,但它并没有给我带来理想的效果。

下一个需要考虑的问题是我的能量。我那时候经常觉得累,我觉得自己连骨头和灵魂都被抽干了一样。由于我确定我的不快乐并不完全是因为没有足够的时间,我想也许提高身体的整体能量水平会让我感觉更好和更快乐一些。但是,我主要的障碍是我并不晓得怎么在有限的时间里让自己更有活力。我知道,如果我能够锻炼身体,我就会感觉不那么累,更有活力。这是一种循环论证,而这一切都源于我没有足够的时间。

事情就是这样发展的。我定期回顾我生活的方方面面,试图找出让自己感觉更好、更享受生活的秘诀。我想要快乐,想要得到满足,想要爱我的工作,想要和我的女儿有更多优质的时间,想要有一个干净的房子,想要准时付账单。我想达成生活中所有的目标。当我在杂货店、在工作场所、在图书馆看到其他女性时,她们中的许多人似乎已经克服了我生命中至今仍难以摆脱的困境。与此同时,当我和这些女性讨论的时候,她们的难题与我在生活中遭遇的问题都很相似,但无论我为她们偶然想到了什么天才的主意,这些主意似乎对我自己的生活都不起作用。我明明已经使用了自己的建议,却没有什么效果。

有一天，我突然有了灵感。我当时正在淋浴，并在想着我那天要完成的事情（你也有过淋浴的时候忽然灵光一闪吗），有些火花闪现在我的脑海。如果我具体一点说的话，那就是这样的：我发现我和我的客户共同致力于攻克的难关（如缺乏价值感、感觉很疲惫等）并不是由一个一个独立的问题（或表象）组成的那么简单，也就是说我们不能把这些问题（或表象）拆分开来去尝试一个一个地解决。我还发现如果把这些单独的问题（或表象）一个一个拼接起来，所得到的并不是我们所面临的真实图景。也就是说 2 加 2 加起来并不是等于 4，我发现这种伪数学问题长期以来误导了我的思维方式。后来，我放弃了这种局部应对的思维方式，我开始关注累积性改变（cumulatiave changes）。这种改变并不是由于某一个具体的表象问题得以解决而产生的，而是一种整体意义上的改变。

当我想到哪些客户有真正的改变，看似达到了"幸福"和"个人满足感"，还有哪些达到了个人目标，在生活的各方面都过得很理想时，我就会发现这些女性是用整体的角度去对待生活，而不是将其分割成各个不同的部分。这些女性掌握了透视法的艺术，并将其运用到所做的每一件事上。她们对自己充满自信，内心充满使命感。她们找到了真实的自我，进入了自己的最佳状态，并真正能活在当下。

当我最初看到这些女性时，她们每个人都处在混乱、不满和沮丧之中。因为我们保持着紧密的沟通，我很了解她们所面临的考验和磨难——那些失望、失败感，以及一些悲惨的损失。在应对每一个挑战的过程中，这些女性都发现彼此的共同点。她们在改变上所需的时间不一样（后来，我发现其实在时间上，她们的改变还是很相近的，特别是当她们觉得厌烦和累的程度已经足够严重的时候，她们就会迫切地希望马上做出改变）。当一位女性来约见我，并且她已经准备好马上改变了。这样一来，这种改变就会很快地发生。这种理念就像闪电一样击中了我，我突然明白，那些成功争取到自己理想人生的女性，那些明白自己生命的意义和目的的女性，都是不甘于敷衍自己的人生的。

那天，当我洗完澡产生了如此惊人的顿悟之后，我就认真地对自己做出改变。我一直是一个相当积极的人，但在那个时刻，我感觉自己学到了很多具体的技巧（我参考了积极心理学的理论而学会这些技巧），后来，我终于利用这些技巧取得了重大改善。总的来说，我能更好地控制自己的情绪，而我也变得更活跃了（我的女儿长大了不少，这也对我有帮助）。我找到了一份健康、忠诚的感情，我有了更好的工作，它不断地挑战着我去学习和成长。我开始做瑜伽，而这是我第一次亲身体验到冥想的状态（平时，我的头脑总是停不下来，永远都在动的状态。通过练习瑜伽，我抛开杂念，让自己在那个时刻体验"存在"感。这种感觉太棒了。如果你还没试过的话，我强烈推荐你去试一下）。

我从练习瑜伽中学会了很多东西，所以我决定参加瑜伽教师培训课程，这样我就可以教我在社区心理健康中心的客户练习瑜伽。由于经济、交通或身体等条件的限制，这些客户无法接触到瑜伽。我实在太渴望和她们分享瑜伽的美妙之处，这促使我接受了瑜伽教师培训，尽管我对这个主意感到很紧张。我真的无法解释我为什么会如此不自在，我只知道当时我是这么想的。

瑜伽老师的培训除了学习特定的瑜伽姿势和授课形式外，还注重个人意识的发展。这正是我的拿手好戏，因为我已经在这方面自学多年了。一切都进行得很顺利，直到有一天，我的老师突然问我，为什么我这么容易甘于现状。我记得很清楚，当时我看着她，然后说："我并不觉得自己容易甘于现状（living small），我一直都在追求自己的梦想和兴趣。我不觉得自己像你说的那样。"之后，我告诉了她我过去的十年里经历过的所有风险、成功和变化。

在我的内心，我知道有些东西正在产生变化。我对她那样描述我感到很愤怒，也不知道她到底在表达什么。所以我做了任何一个右脑发达的人都会做的事，那就是试着"弄明白"。我和我的朋友、家人以及任何我能聊得上话的人探讨了何谓"甘于现状"。我想了想，考虑了几十个假设（其中很多都是关于我的老师为什么是错的）。过了一段时间，我不再积极地思考这个问题，因为我难以下任何结论，但这也让我很困扰。这句话时不时就会在我脑海里冒出来，但我一直没有进一步破解它的含义，也没有进一步理解它在我生活中的应用。我继续做我正在做的工作。我的生活过得不错。大多数时候，我是快乐的。总的来说，我很满足。我把教给别人的东西都练习了一遍，对她们和对自己都有用。如果我还是觉得缺少了什么，或者觉得我的生命里应该有更多的东西，我会对自己说，我从来就没觉得人生应该是完美的，而我同时也没什么好抱怨的。

那天，当我淋浴完有了这样的觉悟之后，我能感觉到这种认知的分量。我内心深处的一些东西回应了这种感知，把它打开了，让它的能量咔哒一声响了起来。不只是接受我辅导的那些女性做到了这一点，我也做到了。当我的老师问我为何甘于现状的时候,我确实就是那样的。"甘于现状"就像你对着镜子,而你却认不出镜子里的那个人。要真正拥有一个有意义、充满快乐、有目的的生活,充分地生活并且"拥有一切",就意味着要使用我一直在分享和使用的众多技巧和知识,以及完全认可自己可以成就更多。你绝对可以冒更多的风险,经历更多的成功、失败和错误。你可以为自己设定限制,并不断打破限制。用同情和自爱来加深对自己的认识。与自己更深层次的使命感取得联系。设想心目中最好的生活,然后无畏地去追求它。

在这本书中,你将会学会怎么发挥自己最大的潜能。它包括实用的技巧和挑战自我的议题,在这个过程中,你将跟自己梦想中的生活连接,而这是你之前想都不敢想的。

在下一章中,我将向你介绍赋权(EMPOWERS)过程。本书的其余部分将详细阐述这一过程,并在每一章向你传授一个概念。你将学会通过一个简单、直接的方法来慢慢让自己改变。这个方法是强大的,能让你的生活产生重大的改变。

你可以拥有这一切。现在是时候改变了。

第 3 章
自我赋权（EMPOWERS）过程

"我明白了，人们会忘记你说过的话，忘记你做过的事，但他们永远不会忘记你带给他们的感受。"

——马娅·安杰卢（Maya Angelou）

自我赋权过程（The EMPOWERS Process）旨在帮助你获得快乐和成就感，让你获得一种使命感，并让你能够兼顾生活中的每个方面。

你知道其他人是如何过着让人羡慕的生活的吗？他们是怎么做到应付生活中的各种难题，但心情却丝毫不受影响的？你希望自己能跟他们一样正面吗？"自我赋权"的过程就是要带领你到达这个高峰，把你已经拥有的技能再加强一些，让你变得更好。

当你了解到要得到自己想要的生活是跟"自我赋权"有关的时候，你可能不会感到惊讶。赋权意味着给予权力或权威，而这就是我们要追求的，那就是给自己更多的权力和权威，这样你就能拥有你想要的生活。通过遵循同样的八步赋权过程，特蕾莎、贝萨妮、桑迪和我都得到了让自己满意的效果，而你也一定会扭转局面。

我将在这里给你一个关于"自我赋权"过程步骤的概述，然后我们将在接下来的章节中更详细地讨论每一个步骤。

E—Enhance Your Energy（增强自己的能量）

长时间以来，你觉得自己已经筋疲力尽了。你知道自己应该多照顾自己，但你已经太疲倦了，连为自己争取恢复能量的机会都没有。你需要一些快速见效的策略，这样你才能开始余下的步骤。在"增强自己的能量"一章中，我们将讨论如何为自己设置界限，获取额外资源，以及确定失败背后的真相。你也会学到一种超级酷的方法来增加你的能量，摆脱可能阻碍你的力量。

当你感觉自己像一个轮子上的仓鼠，每天停不下来，或者感觉自己退步多于进步，然后你很难看到别的选择时，请你留心阅读这一章。通过增强自己的能量，你可以让自己的精神富足。你将告诉别人有关你的故事也会从此不一样。

M—Make Extra Time（给自己多留点时间）

在你的生活中为自己创造额外的时间是绝对可行的（尽管我还没有想出如何让一天超过 24 小时）。简单来说，就是分清事情的轻重缓急，拒绝一些事情，停止让自己同时处理几样事情并练习活在当下。我知道，这时候你可能不相信我的话并表示不屑，因为你已经听过同样的建议太多次了。你也亲身试过但没见效。我也坚定地相信你真的试过，而那个方法没起作用。那是因为我也经历过。当我很沮丧的时候，当有人还跟我说"尽管去做吧"的时候，我会觉得更恼火，因为我觉得他们根本没有认真听我倾诉。但是，我现在并不是要你用老派的建议来安排你的时间。我想建议你更深层次地看待义务和选择之间的区别，用更宽泛的方式来理解你如何看待这个世界。

理查德·巴赫（Richard Bach）在他的《幻想》(*Illusions*) 一书中说了一句我在过去 25 年中一直遵循的格言（我并非每次都能成功实践，但是我仍会很固执地要求自己）。他写道："为你的局限而辩解，那你就真的把自己局限在里面了。"一旦你开始提高自己的能量，你就会发现这个想法同样适用于想办法给自己多留点时间。

"给自己多留点时间"的另一半意思包含着休息、放松和充电。它结合了正念和冥想的概念，同样包含了自我照顾和在人际关系中设立鲜明的界限的意味。它教你评估自己和周围的人的关系，让这种关系有利于你的发展，而不是妨碍你前进。

P—Practice Perspective（练习不同的视角）

太好了！这个步骤可以让你尽快达到幸福的境界。在这一步，你将会把理论应用在生活中，你开始感觉到生活的变化。你将通过学习和练习找出压力的早期诱因。你将学会坦然接受挫折，你对生活中选择的认知将上升到一个全新的水平［那就是利用元图景（the meta-view）］。通过本章的练习，你将会很熟练地运用不同的视角看待生活。

视角似乎是一个简单的词。在这个过程中，你会学到哪些事情是真正跟你有关的，哪些事情的发展根本不是你能控制的。相信我，这对你来说将是一个巨大的解脱，并将给你的精神带来很大的自由。你会爱上这种只对自己的感觉、想法和行为负责的状态。

O—Own Your Best Self（拥有最好的自己）

在你的内在，最好的你已经住在里面了。但问题是，你可能没有充分地展现自己的那一部分。你已经是你的闺蜜的好朋友了,但在这一步,我会教你做自己最好的朋友。这一步是非常真实的。这意味着把你对他人的同情和关心运用到你自己身上。在这里,你能学习到自我接纳背后的真相,欣赏自己不完美中的完美,爱真实的自己。

你听过蔻比·凯蕾(Colbie Callait)的歌曲 *Try* 吗?或者赛琳娜·戈麦斯(Selena Gomez)的 *Who Says*(*谁说的*)?(先睹为快:稍后我将与你分享"自我赋权"的歌曲清单)。这两首歌的内容都是关于与你内心最好的自己建立联系并赞美自己的。要想拥有真正想要的生活,唯一的办法就是做真正的自己,全心全意地爱她。

W—Wake up Your Inner Badass(唤醒内心最厉害的东西)

现在,我们马上要进入一个超级强大的境界。在这一步里,你要审视自己在生活中扮演的角色,弄清楚哪些是推动你前进的,哪些是阻碍你表现最完美的自己的。

我很喜欢"成为一个厉害的家伙"(being a badass)这一主意。它听起来是那么有力、强大和自信。而这个家伙就是你。接下来,你会听到一件发生在我身上的小故事——我是如何等待了 18 年才买到一辆我真正想要的车

（提示：它是黄色的），以及是什么一直在阻碍我去买那辆车。我也会告诉你当我终于买了那辆车后，那个看似很小的决定却如何让我变得更加强大。你跟我不一样，你不用像我一样等待 18 年才追求自己想要的东西。

"拥有你所知道的。"（Own what you know.）这是丹妮尔·米勒（Danielle Miller）的一句格言。在这一步里，你将找到你的声音——你内心深处的、真实的、最有力量的声音，并将它运用到你生活的所有方面。当然，你会面对心中的那个"壁橱里的怪物"——我并不够优秀。你将要把壁橱完全打开，面对这个邪恶的怪物，并认识到它只是想吓唬你。你要把这个怪物从心里面除掉，因为它是阻碍你前进的绊脚石。你还会发现原来这个"怪物"只不过是一件没有挂好的破衬衫。

E—Envision Your Inner Purpose（想象自己内心的目标）

发现并享受你的快乐，充实的生活意味着与你的内在目标建立联系。你的内心肯定有这么一个目标，即便你认为自己从来没有。这是因为我们作为人类，都有要追求的目标。内心的目标不一定是什么伟大的使命，但这是你被召唤去做的事。因为你被召唤去活出这个内心目标里的自己，它会改变你的世界，不管你能否实现这个目标。如果一个人选择无视这个内心的目标，他自然会觉得非常颓废。相反地，如果你发展这个目标，它带给你的好处是你无法想象的。

你还记得我们的社会第一次意识到艾滋病的时候吗？突然之间，人们开始谈论如何保护自己，要确保性行为是安全的。我记得最清楚的是关于性传播疾病是如何传播的描述。内容大致是这样的："当你与某人发生无保护措施的性行为时，你同时也在与曾经和他发生过性行为的人发生性行为……。一开始，所涉及的只有两个人，然后迅速发展成一个社区，甚至一个城市。所涉及的是一大群人，而你却一直以为跟你发生性关系的只是你枕边的那个人。"

同样，你决定是否发展自己内心的目标也会产生这样大范围的影响。但它所涉及的范围甚至更普遍，因为它的影响是从你接触的每一个人开始的。然后，这个影响会从你接触的人再传给他身边的人，依此类推。

所以，跟随自己内心的目标是相当重要的，你必须把这一方面涵盖在内。

R—Release the Blocks and Go for It（移除障碍，勇往直前）

这一条路并没有捷径。每当你给自己找不同的借口，比如"这行不通的""我不会成功的""我太累了""我不知道如何入手"等，我就会给你移除这些障碍的答案。你将获得信念的非凡力量，并理解如何借助量子物理理论去指导你寻找生命中缺失的部分。你将学会如何正确地使用假设性的问题和如何事半功倍地突破心灵的枷锁，这也意味着你会经过自我怀疑的阶段，但你最终将战胜它。正如我之前所说的，每个人的心中都住了一个很厉害的家伙，记得吗？

这是最关键的一步。在这个阶段，你到目前为止所做的所有努力都可能会付诸东流。在这一步中，你要认识到隐藏在你内心的恐惧，并怀着同情和信念承认这一点。

逃避恐惧是没有用的，因为你可能会在不经意的时候受到恐惧的威胁。但是，高举你的拳头和恐惧搏斗也是没有用的，因为恐惧是个狡猾的东西，它会变成不同的形态出现在你的面前。战胜恐惧的关键在于拥抱它，承认它，并邀请它来到你的心扉（但你的目的不是让它常驻你的心里)。这并不像看起来那么难,当你迈出这一步时,你一定会为自己的勇气所鼓舞。

S—Shine Your Light Brightly (让你的光芒闪耀)

你成功了!这就是最后一步,你将从高高的跳水板上跃入清凉、清澈、清爽的水池中。当你克服了这一切之后,你将无比地骄傲和兴奋。在这个过程中,你将学会怎么为自己加油,怎么继续往前。还记得那些曾经激励过你的歌曲、文字和图片吗?你马上就能把它们变成现实了。

这就是"自我赋权"的八个步骤。你可能会想,"没问题,我完全可以做到。"或者你现在感觉有点不知所措,心里面有很多想法。你也许觉得:"天啊,原来我还有那么多困难要克服,那我可能不会成功。"我要告诉你一个好消息,当你勇于迈出第一步的时候,你就会自然觉得第二步、第三步,还有之后的步骤都不是问题了。

在下一章,你将学习如何增强你的能量,你将学习怎么将饱受压力之苦的自己转化为轻松快乐、满足的自己。

第 4 章
E——增强自己的能量

"精力是创造力的关键。能量则是生命的关键。"

——威廉·夏特纳（William Shatner）

有一天，道恩来找我做辅导，但一开始她不确定自己是否需要这个辅导，只是为了碰碰运气，这样她就可以有一个月的时间晒晒太阳，带着雨伞躺在沙滩上喝果汁饮料（听起来是不是很棒）。道恩想要一个神奇的解决办法，而这意味着她想要找到一种延长时间的方法，这样她就可以做更多的事情。或者发现一种秘密咒语，这样她就能像轮子上的仓鼠一样在奔跑时感到快乐和满足。道恩是一名工作狂。世界上没有什么事情能妨碍她履行职责，但她亦为此付出了巨大的代价。她经常感到精疲力竭，也经常开心不起来。

有时候，她会累得躺在床上却睡不着。但是，她很清楚第二天并不会因为她睡不着而不到来，而她第二天还会有一大堆新的待办事项。她无法想象一个既能帮她完成责任，又能让她有足够精力继续工作的解决方案。

她真正希望自己不要一下觉得像充满活力的小兔，一下却又觉得自己要快晕倒了一样。她想把事情做好，然后感觉良好。她希望提醒自己世界上还有很多美好的事情，然后自己还会有时间、兴趣和精力去欣赏这些事情（她希望至少能有这样的选择）。道恩告诉我："你知道那首叫《空虚地奔跑》（*Running on Empty*）的歌吗？它就是我的日常生活的写照。每当我认为我可以赶上的时候，其他问题就会发生，让我的进度比之前更落后。"如果你看到道恩每天都完成了什么，你会诧异于她竟然会这么想的。她看起来完全不像一个苦苦挣扎的人，而这正是问题的一部分。当她回想自己的生活时，她为自己所做的事感到骄傲，但又震惊地发现自己还有一大堆待办清单。她觉得自己完成了一大堆任务，但这只是她生命中喜马拉雅山脉中的一座小山丘。她的待办清单是无穷无尽的，而且她的责任一天比一天大。

我问道恩的第一个真实的问题是："你多久会请求和接受一次别人的帮助？"我敢打赌你能猜出她的答案。她很快就告诉我："这根本不是一个选择。"只要她觉得自己能承担所有的职责，即便她可以找别人跟她分担工作，她也不会去问别人。道恩对时间问题非常敏感，包括别人的时间。她不想给别人添麻烦，她知道她要做的事情对她的朋友和家人来说有多么困难，所以她不会把请求帮助视为一个选项。

你是否发现自己也有过类似的感觉，就是你有永远做不完的工作，而这些工作都快把你逼疯了？你耗尽了能量却连喘气的机会都没有？你希望能找到解决所有事情的方法，为他人提供协助，而不是要求别人协助你。我知道有些事情对你来说是没有商量的余地的（你不希望别人洗你的内衣；你不会把你的借记卡或银行账户信息给别人；你一定会去看孩子的足球比赛和圣诞音乐会），但是当中有没有你未曾考虑过的选项？当你的朋友问你："有没有什么我能帮忙的？"你会回答："没有，我都安排好了，谢谢"还是"下周六你愿意帮我在花园里除草吗"？你有没有考虑过回答："我希望能有你的陪伴，帮我清理一下楼下的壁橱。如果你在那里的话，那么整件事就会变得更有趣。"当你的老板在招募志愿者组织秋季慈善活动时，为什么你在已经承担了最大责任的情况下仍然主动提供帮助呢？如果让同事去做志愿者怎么样？或者建议你的老板，你很乐意带头,但是你的同事也许在慈善活动中也能承担一些重要的任务。

这一步是可以让你节省能量并感觉更好的快捷方法。节约意味着当你想用某种资源的时候,你还有大把的资源。来找我做心理辅导的女性经常会因为"无法改变"的事情而感到疲倦和不堪重负。对道恩是这样,对我也是这样。这不仅仅是因为她们不想寻求帮助,还有另外一个丑陋的原因。没有清晰的界限会让你的精力像流沙一样溜走。你挣扎得越多,你就陷得越深。《韦氏字典》将"极限"定义为表示或确定界限的事物。你知道你的极限在哪里吗?你遵守这些限制了吗?我相信在你的生活中有几个领域是有"浮动"界限的,这意味着你做的比你真正想做的更多。你做这些事情是因为你觉得你"必须"去做;你这么做是因为别人希望你这么做。你以前很可能听说过这样的话,你没有其他选择,所以你不得不按照你一直做的方式去做。显然,如果你有一种方法能让你做得更少(同时仍能满足自己的期望),你肯定也会选择这种方法,你说是吗?

其实,你很有可能觉得自己在很多方面的资源都很稀缺。对道恩来说,情况确实如此。她感觉到她的时间、资源和选择都很稀缺。道恩真的相信她已经尽了最大的努力，尽可能快地向前跑，但她永远都触不到终点线。这不是因为她没有能力，而是因为她想不出一种不同的方法来处理这些事情。道恩已经把她所能想到的，所有可能的情景都看了一遍。而且，从她的角度来看，只有神的介入才能解决她的困境。

其实，她错了。道恩并不清楚自己的优势、局限或资源。她已经对这些方面考虑了很多，我相信你们也是，但是当你基于对预期的内化想法来衡量你的结果，而不是完全重视自己的时间、注意力和需求时，你就会得到一个歪曲的结果。要拒绝一件任务或一个请求并不是那么容易的。事实上，很多人一想到要说"不"就会畏缩。但是，为自己设限的关键在于有一个限度。你或许已经发现，你的一天内只能塞进一定数量的活动和责任，所以你有时候有必要向一些事情说"不"。而道恩就是从这个点开始的。她开始为自己的消极想法和内心的期望值设置界限。当她觉得唯一的解决办法是同意做更多的事情时，她学会了跟自己说："不，现在我不行。"道恩开始通过明智地把精力花在最重要的事情上来增强她的能量。

在下一步，道恩必须重新评估自己是如何定义成功和失败的。以前，如果她没能完成某件事，或者尝试了一些新东西，但结果并不完美，她就会觉得自己失败了。这是她感到疲倦和筋疲力尽的主要原因。她没有时间去创新或冒险，因为她不想做任何或许会不顺利的事情。我建议她把一切的经验都定义为成功。当她听我这么说的时候，她吓坏了。她清楚地知道成功和失败的含义，而"把事情搞砸"对她来说永远都不算是成功。她不相信自己能主观地把某件事定义为成功还是失败。你也是这样的吗？

如果你改变了对成功的定义，接下来会发生什么事呢？答案就是你会获得精神上的自由。

在这里，我要告诉你一个例子。比方说，你报名参加了一个瑜伽班。你硬着头皮去上第二节课仅仅是因为你已经付了七节课的学费。另外，你女儿开始和你一块儿出席了，而你想为她树立一个好榜样。你上几次在家玩 Wii 体感游戏的经验并没有给你很大的自信。你摔倒和抱怨的时间比你成功摆出任何一个姿势的时间都要多。你的克星就是树形姿势。另外，单腿站立，另一只脚弯曲放在膝盖上对你来说是最不自在的姿势了。"害怕"两个字都不足以形容你当下的心情，但是你却硬着头皮前进了。在长达一小时的课程的前十分钟，你就已经落后了（并且跌倒了）。当你用婴儿式姿势休息时,你偷偷扫视了一下班上所有其他令人惊叹的、灵活的、有天赋的、有平衡感的同学,你就觉得自己在瑜伽上是一个彻底的失败者。这到底是有多么蠢的想法呢?然后,你听到瑜伽教练说的最后一句话,她说:"我们做的叫练习瑜伽,不是完美的瑜伽。记住要深呼吸,为你正在垫子上练习而感恩。这就是它的真谛。"她是说给你听的吗?她怎么会知道你的脑子里在想什么?还是你开始大声说出自己的想法了?

这是我生活中的真实故事(很惊喜吧)。这是我人生中最深刻的个人感悟之一。当我不再责备自己,不再去看自己是如何"失败"的时候,我找到了一种全新的方式来定义成功。如果我真的尽了最大的努力,那么我就称之为成功。不管结果如何。因为不管我能不能在瑜伽中做到树形姿势(其实,后来我也差不多掌握好这个姿势了),我都在这个过程中对自己有了更多的了解。熬过一节瑜伽课跟没升职或失去朋友不一样。然而,这种学习却以最基本、最美妙的方式存在着。当你为自己的出现而给予肯定,当你珍惜自己的努力,当你敢于冒险,你就已经成功地过着自己的生活。现在,你大概已经知道这是怎么一回事了。当你觉得自己成功的次数越多，你的能量就越多。

你可能更习惯于关注"大的"成功，并且你会告诉自己不会经常有成功的机会。其实，你可以有另一种看法。你可以庆祝自己在小事上的成功，就像那些大事一样。比如说，你今天散步了吗？你完成了那项几乎要到期的工作任务了吗？太好了！你是否记得及时吃了午饭以免得上胃病或是偏头痛？太好了，你记得照顾自己！我不是要过分赞扬或降低你的期望。我只是希望你能认识到你所付出的努力和精力，并确保你注意到这些事情。

试试这个方法

不妨从今天开始，每天早上要做的第一件事是先注意自己的感觉。在一整天内，注意自己正在做的事情，庆祝自己取得的每一个成就。你不必放声高歌，但你应该不断称赞和鼓励自己。在这个过程中，要把你认为很小的事包含进去（比如称赞自己：哇！我刚才提醒自己休息了，并去了趟洗手间）。在一天结束的时候，注意你的感觉。看看你是否能找出这一天中感觉最好和精力最充沛的时段。当你把注意力放在成功而不是失败上时，你可能会感觉越来越好。你可以练习在日常生活中多用正面的字眼跟自己说话,例如,你可以跟自己说:"我吃了一顿很棒的午餐"而不是"我忙得要命,不得不狼吞虎咽地吃午饭"。在这个过程中,你需要大量的练习。现在就开始练习吧!

当道恩开始寻求帮助和设定界限后,这对她起了很大作用。她逐渐开始改变她对成功的定义,她开始把重点放在工作上,或者在工作过程中她学到的东西上。让她惊讶的是,她的能量在逐渐地增加。她开始睡得更好,她醒来的时候会期待新的一天的到来。她感觉自己离开了仓鼠转轮,开始用自己的速度向前迈进。

道恩开始关注自己的能量,这让她能快速地评估自己需要什么,和什么时候需要这些东西。她开始把这一点与新的界限结合在一起,她也将寻求帮助视为一种成功,这几个变化让她变得更有效率和更快乐。

在我们最后一次的辅导中,道恩笑着回忆起她最初的愿望,那就是逃离本来的生活一个月。她告诉我,她现在已经能自己决定为自己安排什么节目,决定什么时候开始或结束自己的工作了。她不再觉得想要逃跑、崩溃或想要放弃一切。她不再总是感到疲倦,她也开始欣赏身边的一切了。另外,她还去了一个阳光明媚的热带海滩度过了一个美妙的假期。让她兴奋的是，她发现自己有无穷的精力去享受整个旅程，而不只是在酒店里睡懒觉。

道恩的效果是很典型的，而且是绝对可以实现的。如果你想知道需要多长时间才能看到效果，我有个好消息要告诉你。如果你现在就给自己一个承诺，在一周内接受和请求帮助，你会发现你的能量水平会有一个明显的变化。每一天，当你注意到并承认你对成功的新定义时，你就能建立起你的能量银行。它就像一个有息储蓄账户一样，而你的自我认知就像自动存款一样，它的增值会呈几何级增长，而当你需要取更多的"钱"来应对生活状况时，它就能派上用场。

你是否害怕没有足够的时间来增强你的能量？"自我赋权"的过程能让你来一个大逆转。下一章是"给自己多留点时间"，我们将专注于为你所热爱的事物创造空间。预告：你可能听到很多人说他们能同时做几件事情，但我们绝对不鼓励你这么做。

第 5 章
M——给自己多留点时间

"为你的局限而辩解,那你就真的把自己局限在里面了。"

——理查德·巴赫(Richard Bach)

理查德·巴赫的这句话非常有力。在你的人生中,你肯定也遇到过这种情况。还记得特蕾莎吗?她有一份全职工作,有三个学龄儿童和丈夫要照顾。她想都没想过她拿到博士学位的梦想能得以实现。那个时候,她根本连想的时间都没有,更别说去报名一个课程了。她忙是有一些道理的,尽管并不全是真理。的确,她实在是太忙了。她完全没有时间留给自己,她没有时间做运动,没有时间见见朋友,甚至也没有时间和丈夫过一下二人世界。

当特蕾莎和我第一次谈到她的梦想,以及她在生活中的目标时,她告诉我她非常希望能有更多的时间。她告诉我,她想要更多时间去做她正在做的事情。虽然她热爱她的工作,她的家庭和家里的一切,但是她却从未觉得自己有足够时间做各种事情。在她的内心，她经常听到一个声音对她说："那我呢？那我的目标和梦想怎么办？"可是，当她渴望自己有更多的时间时，她却听不到这个声音。取而代之的是另一种声音："你一定要把这一切都完成了。其他女人都能做到，为什么你不可以呢？你是不是有什么问题？"

你能想象这种消极的想法导致了什么吗？也许你也有类似这样的想法，所以你肯定知道接下来会发生什么。特蕾莎的想法让她陷入了一种恶性循环，形成了一个强大的、向下的漩涡。她催促自己动作加快，做越来越多的事情，而在她的内心，她始终听到那个声音对她说："你做得还不够。你还有这个，这个，那个要完成。"其实，对于实际上她要完成什么，那都无关紧要。那只是一种催促的声音，所以它每一次的内容都是差不多的，尽管具体的事项可能有所不同。如此下来，特蕾莎觉得自己的努力永远都不够，她觉得自己得不到任何鼓励和希望。她感觉就要从生命中的跑步机上跌下来一样，而且她也不晓得该怎么样停下来，让自己过得不一样。跑步机在不断加速，她只能继续强迫自己，直到自己透不过气，更糟糕的是她看不到任何出口。她感觉她的人生跑步机就停在悬崖边上，如果有一步走错，一步走得太慢，她就会从悬崖边上摔下去。

处理多重任务

那么，特蕾莎是如何应对这种压力的？首先，她试图同时处理几件事情。在开车去上班的路上，她会列出一张当天要做的所有事情的清单。当她的脑子记不住那么多事情时，她就会利用语音记事本去记录。她会在自己的待办事项列表中创建分类和文件夹。当她开始工作的时候，她会优先选出那些"必须要做"的事情。而当她意识到当天的时间远远不够完成要做的事项时，她就会先选出两到三件最重要的事情。当她在吃午餐时，她也会看看公司的材料，回回邮件等。她在一天的工作中经常会受到打扰，那是因为她的同事不时会向她求助。在一天的工作结束时，她通常都会比别人晚走一个小时。这个时候，她才会匆匆处理那些她当天没时间处理的事情。

当她在商场购物时，她会给客户或同事回电话。做饭的时候，她会同时辅导孩子们做作业，浏览邮件（当然是有关账单的），或者是幻想自己正在睡觉，而不是去处理她那堆积如山的工作。晚饭后,她会收拾碗碟,让孩子们准备睡觉。之后,她会和丈夫坐在客厅里看电视,脑子里想的却是那个装满文件的公文包。他们会在电视的广告时段聊聊天,谈谈对方当天过得如何,以及周末要去哪里玩。他们会讨论一切生活中的琐事,包括哪个孩子要去练曲棍球,要出席多少场篮球赛,谁有空去取女儿生日派对的礼物,谁有空去帮忙看管十几个6岁小孩等。特蕾莎对于这忙碌的一切感到有点无助,但她另一方面却很庆幸有丈夫一起跟她分担。其实,两个人一起做都已经有点忙不过来了。一个小时后,她就会给自己列一个要做的事情的清单,给自己第二天的工作发几个提醒邮件才去睡觉。

虽然特蕾莎已经很擅长应付各种各样的事情,但她忽略了时间管理方法中最重要的一点,那就是同时处理多项任务是行不通的。同时处理多项任务只能让她把所有事情的某部分做好,而她并不能把所有专注力都给到每一件事情上。同时处理多项任务其实就意味着什么事情都干不好。听起来更荒谬的是,同时做几件事情其实需要花更多时间,而不是节省时间。我个人经过了好久才明白了这一点。表面看起来,我好像很有效率,什么事情都能兼顾。我还能很好地利用每个时刻。其实不然。当你只是给出一部分专注力的时候，实际上你会工作得更慢。你的脑子里只有有限的能量，但你却试着同时完成很多事情。因此，每件事情你都会做得比较慢，这样你的能量才能分配给不同的工作。还有别的问题就是，如果你经常同时做几件事情，你很有可能会错过一些细节。这些细节可能不是生死攸关的，但你很有可能会因为缺失这些细节而要重新做那件工作，或者重做某一部分。事实上，如果你一开始就没有同时做几件事情，可能这些问题都能避免。

➨ 试试这个方法

每当我开始感到抓狂，或者像一个疯子那样同时做多项任务时，我就会对自己重复这两句话：一针及时省九针，欲速则不达。我知道，它们是非常老派的说法。但这么做是有效的。我发现我需要一个具体的短句或行为来提醒我从"滚轮上的仓鼠"模式切换到有意识地选择如何花费我的时间和精力。如果这些短句对你不起作用，那你可以想一句对你行得通的短句。你可以试着用两三个单词或短句来触发相同的信息，促使你停下来重新对工作进行梳理。尝试一次只做一件事。试着用至少几天的时间，每次重复着对自己说这些短句。你会看到这是有效的。

优先排序

现在,你有了一个策略来帮助你脱离同时处理几件事情的模式,那么你可以把它和其他几个步骤结合起来。首先是分清事情的轻重缓急。我知道你已经使用这个策略很多年了,而这一策略只是导致了你同时处理几件事情,除此之外起不到任何效果。当你列出一份优先处理的事情的列表时,请确保你再花五分钟时间对它们进行排序,以有效地分清楚事情的轻重缓急。这能为你节省大量时间。

我所说的"有效地分清楚事情的轻重缓急"是什么意思呢?在过去,你可能会根据必须要做的事情、接受任务的日期或者是你在特定的时间内要完成的最大的项目来设定优先次序。虽然这都是不错的策略,但它们并不能真正地让你节省时间。更好的方法是认真地评估你能给出多少时间、截止日期和任务完成的难易程度。当你把这三个因素都考虑进去的时候,你会得到一个不同的优先次序。你有没有想过为什么高中的课程通常被限制在一个小时?或者为什么大学或研究生院的课程会在三小时的课程中间设置休息时间?这是因为我们在一次静坐中能有效集中注意力的时间是有限的。这一点也适用于你的工作日程安排（当然，如果你正处于非常投入的状态，或者说是最佳状态处理某件事情时，时间似乎会过得很快。你可能会工作得更久，效果更好。但我敢打赌，很多时候，你必做清单上的很多事情并不能完全引起你的兴趣，或是给你带来快乐）。

首先，你得评估完成你需要优先处理的每件事情需要多长时间。你不需要再列一个清单（那只会拖延时间而已）。你只需浏览或回顾一下，就能大致了解哪件事情是最耗时的。然后仔细看一下，确定哪些项目需要马上完成（你的老板给你的任务可能明天就要到期限了，但如果你不马上打电话给老师重新安排约见时间，那么剩下的时间你就很难完成你的日程安排，所以给老师打电话就成了马上得做的事情）。然后，再看一遍清单，看看哪些事情是简单易行的。这一点非常重要，因为无论何时你完成了一件事情，你都会产生一种成就感。确保你在不断积累成功的体验，这会给你一点能量，让剩下的工作更容易完成。

现在，你已经知道了每项工作的时间框架、紧急程度和困难程度。你可以把这些元素合并一起。不要花一整天的时间完成一份报告，那样只会让你感到沮丧，让你的效率下降。最近我和一个大学生谈话，她告诉我她为了准备考试已经连续学习了 12 个小时。这时间实在是太长了。她连休息的时间都没留给自己，而且大部分时间都在担心没有足够的时间和不能完成更多事情。为了改变这种情况，她制定了一个策略：只连续学习两个小时，然后休息至少半个小时。她还在饮食上有所计划，她现在不会完全不吃午餐或只吃垃圾食品。如此下来，她发现，当每次回到自习教室，她都能更好地集中注意力，完成更多的功课。这种方法同样适用于管理家庭和工作中的任务。此外，你可以计划在休息时间完成一些容易完成的任务。但是千万不要不吃饭，把自己搞得能量尽失是没有任何好处的。

你可能已经在使用这些方法了，但你还没有意识到它是一种特定的策略。这有点像你的公公婆婆要来你家吃晚饭了，你的房子还是乱糟糟的，而你还需要去买菜和洗掉一个多星期没有洗的衣服。之后，你还想起自己必须得打扫卫生间。如此一来，你把要洗的衣服扔进洗衣机，把精力集中在收拾卫生间上，及时把衣服洗好，然后把它们放进干衣机里（你可以把衣服放在那里，反正客人应该不会往干衣机里看吧）。之后，用吸尘器打扫房间反正不需要花很多时间，所以你就先把它搞定了。完成这件事情之后，你就去超市买菜回到家后,当你把千层面放进烤箱,你突然想到如果你关上孩子卧室的门,就可以掩盖里面的脏乱,那么你现在终于可以坐下来放松了。如此一来,你成功地把这些事情的优先次序都排好了,而且你也很有效率地完成了这些任务。

当然,你也可以用不同的方式来安排这一天的工作——交替执行任务,前提是你需要对你今天要完成的事情心里有数,同时注意估算完成各项任务的时间。这种方式也会奏效。除此之外,你还可以使用另一种方法来争取更多的时间。那就是你可以对一些事情说"不"(在上述情况下,把衣服收起来藏在干衣机里,关上孩子卧室的房门,实际上就是一种说"不"的方式)。

当然,在某些情况下,有些事情是需要处理的,但也不必马上就处理。还有,也许你还可以把这个任务分配给其他人。这是一个至关重要的办法。你要明白的是,其实不完成所有的事是没问题的。还有,你拒绝做某些事情这一点丝毫不影响你的过人之处。真正成功和快乐的女人都有适当拒绝的习惯。例如,她们会拒绝加入另一个委员会;她们会拒绝连续四年成为筹款活动的组织者;对于做志愿者的请求,她们也有可能拒绝。除了说"不",她们也会说

"好"。那就是对有利于个人提升的事情，比如说去健身房或上瑜伽课说"好"。此外，她们也不会吝惜跟朋友喝杯咖啡的时间，让自己充分休息。

这一策略有两个层面：其一是你不必接受每一个邀请，其二是你要选择你想做的事情。你要明白，作为一个人、一个同事、一个母亲、一个伴侣，你的价值并不是建立在你答应别人要求的频率上。对于那些感觉又是一项新义务的事情，你大可以说"不"；而对于那些可以提升自己生活质量的事情，你可以放松地说"好"。这与你如何排序你的任务清单有着同一种原则。你应该把机会多留给那些能增加你能量的事情，减少耗掉你的精神的事情。有时候，我们会觉得自己有义务去完成一些事情，我们往往会觉得"我应该做这件事"而不是"我想做这件事"，而我们要做的就是要多留意这两者的区别。我并不是建议你永远不要做那些沉闷但"正确"的事情。我的意思是你要分清楚义务和选择的区别，并确保你做的决定并不都是关于履行义务的。最好的方法其实是在执行不同的任务之间安插一些轻松的活动，这就好比你的孩子要你带他去游乐场前，你先让他收拾好房间；或是在孩子每完成一件任务后，给一个小奖励。这个方法是很有效的。

让自己充电

当你开始遵循这些指导原则,你将发现自己节省了很多时间,并开始减少那种"我永远跟不上进度"的感觉,但这还不够。你还必须多做一些能让你休息、放松和充电的事情。如果你真的想要额外的时间,这是不可或缺的。就像你的身体需要营养来保持健康那样,你的大脑和精神需要放松来恢复活力。这就是为什么对有趣的、令人愉悦的活动说"好"和对不重要的事情说"不"是一样重要的。你可能一直在对自己说"不",而对别人的需求总说"好"。这种情况必须从今天起改变。

当我坐飞机时,我总是喜欢听乘务员告诉我如何戴上氧气面罩。这是我在飞行前唯一会专心聆听的部分。每次我听到她们这么说,我就会想到,如果我们没有照顾好自己,就无法照顾好别人。

你可能会经常满足各种职业上、家庭上、社区上的需要。我也很肯定你经常会告诉自己:"我真的要完成这件事情""这是个好机会""我大不了可以取消……(比如见朋友,留给自己的时间等)"。很多时候,我们甚至都不清楚自己到底有多么累，直到我们被弄垮了。你可能不断地答应别人的要求，却无视自己的需求，直到有一天你病倒了。最糟糕的是，你终有一天可能累得什么也做不了，还不得不把一切都取消掉。或者直到你变得更加烦躁和沮丧，你甚至会变得讨厌看到自己。其实，事情没必要变得这么糟糕，但我们却经常掉入这种循环中。这种情况发生的原因是我们不晓得什么时候该说不，什么时候可以答应一些请求，我们并没有很好地从中找到平衡。但是，如果你听从上述的那位乘务员的建议，你就会确保自己能融入你想要满足的人群中去。然后你猜会发生什么事情？那就是当你能够经常地和及时地照顾好自己时，你才会有更多精力，你在生活中的每一步才更有力量。而且，你会变得更有效率，甚至留出更多时间。每天的时间依旧，但是你不再因为消耗自己的能量而拖慢自己的进度。还有，在给自己充电之后，你会变得更正面，让身边的人也变得更正面。这就是一个正面的循环，对所有人都有好处。

当你在考虑如何为自己充电时，我强烈建议你特别考虑两个方面：培养自己的人际关系和专注力。与重要的人建立联系在我们的生活中是至关重要的。真正懂你的人的一个微笑或拥抱都是无可替代的。微笑和分享的力量是惊人的。你听过"两人分担,困难减半"这句话吗?这句话有很多道理。这并不意味着你该专注于找出人际关系中的问题,或者花很多时间定义哪些是自己的负担。但它确实意味着,在能够与他人分享你的内在自我(包括好的、坏的、平凡的和琐碎的)的时候,你就能够得到释放和解脱。如果你处于一段忠诚的亲密关系中,这当然是不错的。除了"最重要的人"之外,发展一些其他人际关系(也就是朋友)也是非常重要的。这两种人际关系都是有价值的,它们为你提供了不同类型的支持。所以,你该利用你和朋友的关系来达到双赢的局面。一方面,你的朋友得到了和你相处的时间,享受着你传递的正能量,而你也被他们好的一面影响,你们可以为对方加油,面对生活中的一切困难。

正念

> "正念是指在生活中处于一种完全觉察的状态。它是关于感受每一刻细腻而生动的变化的艺术。通过正念,我们了解到自己内心的强大,增强了洞察力,让自己转变,得到治愈。"
> ——乔恩·卡巴特-辛(Jon Kabat-Zinn)

乔恩·卡巴特-辛是一位著名的教师、研究者、作家和正念的实践者。他在马萨诸塞大学（University of Massachusetts）医学院创立了以专注力为基础的减压项目，并写了无数关于专注生活的书籍、文章和科研论文。我喜欢他把正念描述为"完全清醒"的状态。从他的定义上讲，专注力就是同时做几件事情的对立面。它指的是你全身心地投入你正在做的事情中，并在做的时候集中注意力。你记得有时候你跟一个人在说话时，那个人并没有很专注地听你所说的话吗？他似乎心不在焉。不管他是否在心里想着怎么回应你、反驳你，或是在想之后去买什么、去哪玩，你注意到的是他的心思并不在你那里。整个互动已经失去了一些光彩。你看得出对方不再专注，而且他和你也不是活在同一个时空里。相反地，想想你见过的一位表演者，一位钢琴家或者吉他手。当他们在一大群人面前表演时，你可以看出来在那个时刻，他们完全沉浸在自己的音乐中，而那种专注是非常吸引人的，它会给身边的人一种难以言喻的体验。

当你全神贯注地活在当下的时候，你就是在练习正念（这通常需要大量的练习）。我们的思想喜欢漫游，当我们在做一件事情的时候，我们的思想会自然而然地偏离正在做的事情，除非我们完全投入那件事情当中。当你完全沉浸在一件事情中时，你甚至不会注意到时间在流逝。那就是正念。相反地，对于有些沉闷的事情，你觉得时间过得非常慢，让你完全受不了。这一章是有关时间的，正念就是本章中最重要的工具。

学习正念的方法通常从呼吸和观察开始。当你放慢脚步，真正注意到你正在做的事情和正在发生的事情时，你会更加清楚地意识到自己的感受和身体里的感觉。你会开始活在当下，而且你能在脑海里抛开所有的担心、担忧和待办事项的困扰。这就像你按下了暂停键，给了自己的内在一个机会，让自己先停下来，让自己不至于跑得太快而摔倒。当你学会在什么时候停下来的时候，你就给了自己一个恢复活力的机会。

当特蕾莎精疲力竭、毫无头绪时，她承诺自己要腾出更多的时间。当我们讨论正念以及她可以尝试的方法时，我向她介绍了一些基本的瑜伽姿势，那是一组她可以在任何地方做的姿势，无论是在工作中、在车里、在家里、在泳池边等。这些动作与她的呼吸相匹配，帮助她专注于呼吸，活在当下的时刻中。特蕾莎试了一下，然后迫不及待地跟我分享了一个好消息："你猜怎么着？我现在每天都会花10分钟做那些瑜伽动作。一开始,我觉得它除了会让我上班迟到外,不会起到什么作用。但是,我还是去尝试了。然后,最神奇的事情发生了。我注意到我实际上放松了很多,不再往我内心要做的事情清单上添加更多任务。当10分钟过去了,我很震惊,原来10分钟这么快就过去了。而更让我震惊的是,我竟然还是如此平静。"特蕾莎对尝试的结果非常兴奋,她坚持了下来,很快就发现自己完成了更多的工作。

你可以想象得到正念对你的正面影响是多么的大。

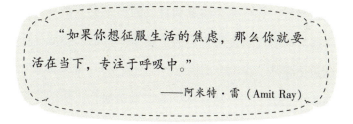

"如果你想征服生活的焦虑,那么你就要活在当下,专注于呼吸中。"

——阿米特·雷(Amit Ray)

试试这个方法

找一个舒服的地方坐着,设定10分钟的时间(如果觉得时间太长,就设定为5分钟,从你认为合适的时间开始)。开始把你的注意力转移到你的呼吸上。注意自己的吸气。注意你的呼气。注意进来的空气,注意出去的空气。

把你的注意力放在你的肚子上。当你呼吸时,注意腹部的起伏。保持呼吸和专注,直到计时器响起为止。然后注意体验你的感觉——没有任何价值判断,只有觉察。恭喜你。你刚刚已经完成了一个正念练习。

如果你想更进一步,可以从手中的一小块小吃开始练习(果汁软糖和葡萄干在这个练习中很常见。当然,也可以是任何你喜欢的零食小吃)。开始呼吸练习,然后注意观察你的小吃。注意它的一切——它的形状,质地、温度,它在你手中的感觉。接下来,把它放进嘴里,遵循同样的注意模式。注意它在你嘴里的感觉,它的味道、重量和质地。这时候,你可能会注意到自己的感觉更强烈、更生动了(这与细嚼慢咽食物背后的道理是一样的:你能体验到的味道更强烈,你也会更快地产生饱腹感)。如果你想在冥想过程中更进一步,那就尽可能慢慢咀嚼,咀嚼的次数越多越好。注意你现在经历的感觉。你会惊讶于一粒葡萄干(或一块自己喜欢的零食小吃)能在你嘴里维持多久。

看看,你已经成功练习了如何专注和活在当下(尽管你最初认为这个方法对自己没用)。更棒的是,你不需要去爬山,不需要花一个月的时间去学习,也不需要穿特殊的衣服(但是如果这些都是你喜欢做的事情,那就尽情去做吧。反正只要那件事情能让你练习专注，而又是你喜欢做的就可以了）。你可能已经注意到，当你在生活中加入一点正念时，你就能增强你的能量并创造更多的时间。你可以按照任何顺序浏览这本书，每一章的设计都是建立在一个技能之上的，你可以按照自然的进程来改善自己的生活。

下一章的重点是练习不同的视角。这是我最喜欢的课程之一，因为它主要是关于增加幸福感的。当你意识到自己比想象中拥有的更多的时候，你的生活会变得如何呢？请用所有的时间和精力去真正地体验它。

第 6 章
P——练习不同的视角

"幸福不能被传递,不能被拥有,不能被赚取,不能被消耗。幸福是带着爱、从容和感恩,用精神体验生活的每一分钟。"

——丹尼斯·韦特利(Denis Waitley)

你是否经常觉得自己真的很快乐？我希望你能经常这样觉得。但是，在现实中，你或许不会经常那么正面，否则你就不用看这本书了。这一章的重点是给你一些可行的提示和建议，让你真正快乐起来。为了做到这一点，我们有必要谈谈是什么阻碍了你的快乐。

是什么阻碍了你的快乐？我敢打赌它们至少包含了以下几种想法：

- 我有太多事情要做了。
- 我的时间永远不够用。
- 我经常很累，而且我很讨厌自己这么累。
- 我觉得没法前进。
- 我觉得自己生命中少了点什么。
- 我的压力很大。

压力

压力可能是快乐的最大阻碍，所以就让我们从这一方面开始吧。在第1章中，我们谈到了压力以及它在身体上、情感上和精神上给你带来的影响（因为过着充满压力的生活就像什么东西在吸噬自己的灵魂），以及你对压力的自动本能反应。当中的诀窍就是要找出如何解除压力警报，在它开始出现时做一些不同的事情。要让这个方法有效的话，你就必须注意自己发生了什么。那么，什么可以用于预警你的身体已经承受了过多的压力呢？你怎样才能在"压力"列车离开车站之前让它停下来，或者至少在它完全脱轨之前踩刹车呢？

我们有很多很棒的技巧，但最重要的是注意到你的身体在面临什么。我们其实并不需要什么花哨的工具。如果你开始注意到你的身体发给你的信息，那么恭喜你，你已经迈出了一步。不管有时候那个情况看起来有多真实，你的压力表都不会瞬间从0飙到100，除非真的有近在眼前的危险。你会成为老虎美味的食物吗？这才是一个真正的危险。你会不会在高速公路上遭遇车祸被撞死？这也是一个真正的危险。你在今晚下班回家之前，是不是还有太多的事情要做？这并不是真正的危险。即使你的大脑的反应表现得好像你在面对着严重威胁，但事实却并非如此。

但这并不是说你不会有负面的后果。如果你没有及时还上抵押贷款，你就会面临滞纳金，或者你的信用评级可能会受到负面影响。这是一个令人担忧的问题，但它不会马上危及生命，尽管它给你的感觉的确如此。

如果你没能完成所有的事情，这种似乎会淹没你的压力不是一下子就来的。它会慢慢积累，让你时不时就有一些沮丧的想法。当你在脑海中列出你必须做的事情时，你的身体开始做出反应。对于第一件事，也许你唯一的反应就是在心里记下这些事情。在列出第二项、第三项和第四项事情时，你的肌肉就会开始紧张。你的肩膀开始耸起来，你的腰部也越来越紧。再加上第五项和第六项，你的肚子就会咕咕叫（有点像那只老虎那样）。当你添加了第七项、第八项、第九项、第十项后，你就会开始感到头痛，甚至可能感到有点恶心。当这个过程继续，你的身体会有更多更剧烈的反应。

当然，整个反应可能在一到两分钟内发生，但它不是在眨眼之间发生的。回头再读一遍前一段，看看你能不能弄清楚在类似的压力情况下，你的身体什么时候会出现第一个警告信号。很有可能的是，你已经习惯了这个过程，以至于你都没有注意到它已经发生过，直到绝望的乌云卷过来，伴随着"这是不可能的"的想法和全面压力的攻击。好消息是，你可以训练自己注意到很多身体上的信号，以便在事情失控之前停止这个进程。

试试这个方法

把注意力转移到肩膀上。有意识地把它们放下来。再做一次。你感觉到区别了吗？你已经习惯了生活在一个充满无休止压力的世界里，你几乎总是准备好进入"战斗—逃跑—僵死"的模式。你开始在不知不觉中绷紧你的肌肉。这就是当你在战斗还没开始前就做好了准备逃跑的情况。如果要关注你的身体，就先从关注你的肩膀开始，把自己拉回到当下的意识中。

放松肩膀在向你的大脑发送一个微小的信号，告诉自己你对一切还是有一定控制权的。最重要的是，如果你能注意到你身体里正在发生的状况，你大脑的思考部分就有机会权衡和评估情况，而不是马上触发警告信号。

试试这个方法

把注意力转移到肩膀上。我知道，你刚才已经这么做过了。但我肯定它们又已经悄悄地耸起来了（这就是习惯的影响）。所以，请再次放下你的肩膀，并且看看你是否能把你的肩膀放松得更低（看看你能把它们放得有多低）。这一次，有意识地把你的肩膀尽量抬高，保持这个姿势大约4秒钟。把它们举得很高，这样你的脖子会感到有点酸痛，而且会被压在一起。然后，再次放松你的肩膀。然后把它们放到更低的位置。当你遵循所有这些指示的时候，你的大脑正在忙于思考这套动作，以至于它暂时无法启动警报系统。

呼吸

虽然你可能很鄙视我的建议，告诉我呼吸练习对你没有用，但你还是得坚持住。我们有很多证据表明呼吸对缓解压力和焦虑有积极作用，我甚至不用再在这里对你重复这个道理。你以前听过这个道理，甚至可能已经尝试过。你可能有过这样的经历：练习了呼吸，然后告诉身边的人这是一个没用的技巧。因为呼吸除了让你更加紧张之外，对改善你的情绪并没有任何帮助。但是，让我们更仔细地看一下它的原理。

我们在这里谈论的不是普通的呼吸，不是那种你每天都会进行的呼吸，更不是你在睡觉时都会的那种呼吸。坦白地说，无论你是否尝试呼吸，普通的呼吸都正在发生。我在这里谈论的是关于放慢速度，以特定的模式做的几组呼吸。不管你是否相信它的用处，这对你的身体（尤其是对你的大脑）都会产生影响。向大脑输送大量氧气有助于清除阻碍你思考的压力。这种特定的呼吸方式需要集中注意力，并确保你的大脑正在思考（记住，这意味着在你大脑中央的警报系统会暂停）。当我们感到压力时，我们通常会做一些浅浅的呼吸，从我们的肩膀开始的呼吸。正确的呼吸方式应该是通过扩张肺部和横隔膜，而不是用自己的肩膀。

试试这个方法

用一个自己觉得舒服的姿势坐着，挺直自己的腰。将一只手放在腹部，另一只手放在胸部。闭上眼睛，正常呼吸。注意你胸部的起伏，以及空气在肺部流动的感觉。现在吸气，并数到四。屏住呼吸数四下。呼气，数到四。停顿，然后数到四。重复这组动作三遍。

现在，你已经知道如何用正念呼吸了，那么你就得加强练习。你之前认为呼吸对你没有效果的原因是你并没有进行足够的练习，特别是你的情绪正在面临崩溃的时候，你并没有遵守这些呼吸的指示。你可能尝试过深呼吸，并数到十，但是除非你真的努力让你的内在系统平静下来，否则它不会对你起任何作用。这是因为你并没有真正给你的大脑一个重新投入思考的机会，而你的杏仁核却还忙于按下所有的警报钮。因此，你必须加强练习。如果你想让呼吸在你面对压力的时候起作用，那么就趁你没有压力的时候开始练习吧。这个练习只会花你 5 分钟的时间，而且你绝对可以在任何地方进行。如果你不练习的话，你就会一直感到压力的存在，你也会继续以为呼吸练习对减压起不了作用。

沮丧的感觉

你多久会遇到一次真正让你沮丧和让你非常伤心的情况，那种让你想要说脏话或跳脚的经历？比如你开会快迟到了，或者把咖啡洒到衬衫上了，然后你发现尽管你的账户里还有钱，但是你却忘了付一笔重要的账单，家里没有狗粮了，所以你不得不在下班前再跑一趟宠物店。我猜你肯定经历过不少这样的日子，关键是，当你周围的一切似乎都乱作一团的时候，你当时做出了什么样的反应。

我最近在听珍·新赛罗（Jen Sincero）的有声书《你骨子里是个牛人》(*You Are A Badass*)。这是一本非常棒的书，里面有很多很精彩的内容。我一边在做开胃菜，一边在iPad上听着这本书，当时我的注意力是分散的。她说了一些很吸引我的话，让我不由得放下了刀。我按下了回放键，认真地注意听她话里的内容。她谈到了"有那么一天"，然后继续说："这是很好的，因为……"

这句话立刻引起了我的注意。总的来说，我是一个积极向上的人，而且我非常擅长在黑暗中看到一线希望，所以这对我来说并不是一个全新的概念。真正让我震惊的是这句肯定语句的力量——"这是很好的,因为……"。她说的并不是"这可能是好的"或者是"这应该会好,因为……"。她的语气非常肯定,让我感到活在当下的重要性。她的语气中没有"尝试"的意思,而是非常肯定的"这是很好的"。

珍·新赛罗所倡导的是转变你的观点,而转变观点是非常具有挑战性的,尤其是当你遇到障碍或阻滞的时候。让我们面对现实吧,很多时候即便你想改变自己的想法,也很难全心全意做到。很多时候,你根本不相信正在发生的事情有好的一面。当问题越多,形势越严峻,人们就越难看到光明的一面,因为眼前的事实根本没有给你显露出任何希望。

然而,每件事情都有两面性。相信我,真的是这样。我们并不是生活在一个一维的世界里,所以无论发生什么,一件事情至少都有它的另一面。它一定有阴阳两面。即使我们看不清眼前的一切还有什么正面之处,也请相信每件事总会有另一种观点。诀窍在于跳出这种情况,或者超越它,让自己进入一种不被情绪左右的元图景(the meta-view)里。

看到元图景（the meta-view）意味着我们看到的是整片森林，而不只是树木。这就像坐飞机上升，然后透过窗户看到你刚刚离开的地方。所有的东西看起来都那么小，就像玩具村庄和火柴盒车。你可以看到整个风景，而不仅仅是开车去机场时从车上看到的风景。也许你看到了高速公路上的交通堵塞，但是上了飞机后，你就能看到事故发生后通往城外还有许多条畅通无阻的道路。

你是否曾经从飞机上往下看，试图寻找一个熟悉的地标？从上面看，一切都很不一样。突然间，你意识到无论你的房子有多么大（或多么小），它只是一大堆建筑当中的一个。无论你身处何种焦躁不安的处境，你都可以想象你在一架飞机上俯视地面这个情况。你很有可能看到更多的风景。你有机会看到这个问题的其他部分。在这种视角下，你是不是能够发现自己还有什么地方没有考虑到？之后还会发生什么？在这种情况下，你有没有发现隐藏着的一些积极元素是你从来没想过的？

这不仅仅是给事情一个转机，一个回旋的余地。这也是一种练习，一种可以让你重新对自己的观点、幸福和生活掌控的练习。幸福是一种选择。这是一个经过深思熟虑后才能做出的选择。我的名片背面写着："幸福是一种选择。你需要努力才能得到幸福，但它同时也是一种选择。"这就是我生活的座右铭，我故意把它放在名片上显眼的地方。我想时刻看到这句话，不是为了让我能跳过生命中所有烦恼的时刻，而是当我苦恼的时候，我非常需要这句话提醒自己，那就是我可以控制自己如何看待这个世界。

选择

你可以肯定地、完全地负责的事情可能并不多。但有一件事是世界上其他人无法控制的，而只有你能掌控。那就是你的思想、感受或行动。不管别人说什么，做什么，想什么，他们都不能控制你的思想、感受或行动。而且，你只能掌控你自己的思想、感受或行动。反过来，无论你多么想控制别人的思想、感受或行动，其实你都无法做到。无论情况如何，只有一个人能在你身上创造出一种思想、感受或行动，那就是你自己。有人可能会影响你的选择或观点，但你有最终的控制权。

看到了情况的元图景，就意味着你进入了当下的状态，明白了你的愿景是由你的选择而决定的。你要时刻都保持一个广阔的视角，这会给你比想象中更多的选择。纵使你感觉永远活在阴天里,你在现实生活中拥有的正面的事情永远比你想象得更多。

我们都试过活在灰暗里的日子里。那些每天都事事不顺的日子,包括工作、家庭、人际关系,甚至天气。在那些日子里,我们是那么顽固地相信太阳再也不会升起,起码是自己所在的地方。但这代表了永久的情况吗?不是的。

你对生活的看法和你所处的环境决定了你的幸福水平。决定因素不一定是所发生的事情的实际细节。虽然金钱能让一些事情变得更容易处理,但它并不能带来幸福,或是保证幸福永远都在。对于一段感情或一份工作也是如此。一段完美的感情或一份梦寐以求的工作(两者都有可能)并不会保证让你永远感到快乐,真正让你快乐的是你如何看待自己和自己的生活。

一个视角就像一副太阳镜。你可以选择任何颜色的镜片,比如黑色、灰色、棕色、橙色、黄色或玫瑰色。我们来看看玫瑰色的眼镜。有些人认为戴上玫瑰色眼镜后就能正面地看这个世界。你可能认为这个想法是荒谬的,而且太不切实际了。也许你认为玫瑰色的眼镜并不是基于现实的,因为在你眼中,现实好像只剩下黑暗和悲观。

当然，在你的生活中，你已经经历过（并且将继续经历）许多困难和挑战。有时候，有人会让你失望，你会感到停滞不前，你会感到不能前进，你会认为幸福只是一个无法实现的梦想。即便如此，幸福也是一种选择。你可以选择专注于一连串的失败，或者你也可以选择看看有什么机会，它们正在等待你的注意。你可以选择寻找积极的方面。每一种情况都有新的学习和成长的可能，但你必须愿意看到这种可能。

这不是你的问题

现在，你可以尝试从不同的角度来思考了。这里，我想给你一个好消息：很多问题的来源都不是你。你在高中的时候担心过长青春痘吗？那个跟鲁道夫的鼻子一样红，一样闪着红光的痘痘（如果你从未有过这样的经历，那么你其实比想象中更幸运）？那个痘痘会让你觉得你的一切社交生活都完蛋了。你当时确信，只要这颗痘痘一出现，学校里的同学就会嘲笑你，你也就彻底完蛋了。当然，你妈妈会试图告诉你没有人会注意到那颗痘痘，但你知道她在撒谎。你会想，什么？别人当然能看见了。你甚至会想，别人肯定一整天想到的就是那颗巨大的、恶心的、丑陋的东西。你当时肯定就是这么认为的，对吧？

好吧，也许的确有人注意到那颗痘痘了。也许有人为此取笑你（我希望现实中没人取笑你，但我知道有时候孩子也是很刻薄的）。但我可以绝对保证，你的痘痘不是那天在别人脑子里最重要的事情。我可以跟你打赌，因为我非常肯定这一点。其实，在你非常担心自己的大痘痘的那天，正好也是别人对他们自己非常操心的一天。换句话说，那一天其实就跟别的日子差不多。你妈妈说的是对的。无论某个情况对你来说是多么糟糕，其实其他人也都在担心或害怕一些有关他们自己的事情，根本不会有太多心思取笑你那颗痘痘。就算有人真的取笑了你，这个人当天也有着自己操心的事情。

当有人对你做了一些卑鄙的事，那是他们的问题，不是你的问题。那是他们自身的不安全感、不快乐或其他内心情绪的一种表达。这就是人类的表现方式。我们的行动是基于我们自己内心的想法和感知的。大多数时候，我们不知道别人的内心在想什么，因为我们太沉迷于自己对环境的看法。那个看到你来了十多分钟都不理你，好像很高傲的香水柜台职员到底在想什么？在她的脑海里，她可能在忙着想她晚饭做点什么，怎么安排她的孩子练习音乐，而她的另一个孩子在晚上比赛前必须买双新球鞋应付比赛，等等。她并不是因为你穿得不够得体，或者头发不漂亮而忽视你。她正沉浸在自己对发生的事情的看法中，而她想的一切都跟你无关。或者让我们想象一下，她确实看到了你，但她并没有试图在心里同时处理多项任务，她可能不喜欢你穿的衣服，或者她不认为你会去买东西。那些想法和观点其实都跟你无关，更不是你的问题。那些想法，包括她超过 10 分钟还不招待你的行为，都是她的问题。那些想法和行为是基于她对现实的感知，却不能反映你现实的世界。

只有你有过人的能力去创造你自己的思想、感受或行动，没有人可以为你代劳。你要明白的是，你对现实中的所有观感都是自己的想法，它们都是你自己能决定的。如果你觉得受到了伤害，被冒犯了，或者感觉自己不够好，你要明白这都是你自己的感知。另一个人可能会做出一些你不同意的行为或说一些你不同意的言论，但是你完全能决定这些话和行为能如何影响你，以及它们对你来说又是否有意义。

你可以学会认识和接受困难，同时不失去创造自己的现实的能力。这种能力是基于这样一个观点：虽然痛苦是真实的，受苦却是可选的。这并不是假装痛苦的事情没有发生或不存在。这是关于你能选择如何回应这些痛苦，和如何构建自己的现实。

瑜伽中有一种姿势叫作鸽子式（Pigeon Pose）。它可以是脸朝下躺着，或者仰面躺着，或者坐在椅子上（这些动作都是同一个基本姿势的不同变化）。这就是所谓的"开臀姿势"。这个姿势的目的是伸展臀部骨骼周围的肌肉，这些肌肉会由于你坐得太久而变得非常紧绷。有趣的是，瑜伽老师经常说"情绪储存在臀部"，这意味着开臀姿势通常做起来会让人很不舒服。但当你的紧张感被释放出来时，你会释放出大量意想不到的情绪。

为什么这个姿势很重要？因为练习鸽子式姿势可以让你学习痛苦和受苦之间的区别。你可以用身体体验这种不同，把学习的过程转化到你的大脑。当你摆鸽子式的姿势时，你的身体开始感到不舒服。事实上，你会感到非常不舒服（除非你的身体有很高的柔韧度，但即便如此，你还是会感到有些不适）。一旦你的身体开始感到不适，它之后会怎样？它会开始收紧。你的肌肉也随之变紧。有些人甚至在真正感觉到疼痛之前，已经因为预想到疼痛而收紧肌肉了。是的，它会让你疼痛，而这种痛苦也是非常真实的。然而，你为痛苦构建的"故事"以及你对痛苦采取的态度，决定了你是否要开始受苦。

当你的肌肉开始收紧时，你会试图避免疼痛。这样一来，你会更加强烈地意识到疼痛的存在。你会和它对抗（这是一种本能反应），这就像在你的脑袋中引发了火灾警报一样。有了这种警报后，你已经知道那会导致什么：噪声，混乱，痛苦。然而，如果你在感受痛苦的同时慢慢呼吸，你的肌肉就会开始放松，你头脑中的警报也会安静下来，感觉就不会那么糟糕了。当然，你还会觉得不舒服，但它起码不会变得更严重，你也会觉得它较刚开始时更容易接受。当你选择放弃进入"战斗－逃跑－僵死"的对抗模式，这样一来你的肌肉就能得以放松。

你的大脑能从你的身体中得到很多暗示。当你能够让你的身体在某种程度上平静下来，你的大脑也会平静下来。想象一下，你可以把你大脑中的内部屏幕从高分辨率调到一般的观看模式，你甚至能自己评估情况和选择视角。这是一件很酷的事。

🚩 试试这个方法

那么，就让我们从鸽子式的姿势开始（如果你已经熟悉了鸽子式，你可以尝试一下任何会让你不舒服的姿势）。在椅子上坐直。把你的右脚踝放在左膝上。试着让你的右腿与地面平行（当你的肌肉越紧，这个姿势就越难做）。当你的右脚踝超过左膝时，坐直身体，然后向前弯曲身体，保持背部挺直。不要弯曲背部。保持背部挺直，从臀部开始向前弯曲。很快地，你就会在你的右臀部感到一种拉扯感和不适。注意到不适感和你身体的自动反应——你想松开这种姿势。现在，请你尝试做几次我们之前提过的呼吸法。当你在第二轮呼气时，慢慢地让自己稍微弯曲一点（但仍然保持背部挺直）。在开始练习呼吸之前，注意不适的部位，并感受一下跟你第一次尝试前倾时有什么不同。如果你已经开始练习呼吸了，你的肌肉也放松了，即便只能放松一点点，这个姿势也应该比之前好受多了。这就是你开始从痛苦转变的表现。你开始让自己放松并接受它。（现在用你的左腿做同样的动作，保持身体平衡。）

幸福的秘密

关于幸福的秘密,很多人写了很多心得。有趣的是,这并不是什么秘密。即便它的答案是非常简单和基本的,人们还是继续搜索有关幸福的秘密,就好像关于它的信息都被掩盖起来了。其实并不然。幸福的秘密就是要有自我怜悯(self-compassion)、感恩和有不同的视角。现在,你已经有了幸福之门的钥匙。你离走上幸福之路也不远了。

自我怜悯是对自我友善、正念和对共同人性的理解的结合。那就是,你的经历和所有人的经历是相似的。当你善待自己,好好照顾自己的时候,你就能更好地理解所有的困难都会结束。你并不是注定要永远受苦。你能对事情有不同的体会,不同的视角(就是我们之前提过的"元图景"),你也会在黑暗中找到一束光。

自我怜悯就像戴着一副玫瑰色眼镜。这就好比你愿意把自己的生活看成一项不断进步的工作,并有起有落。它是关于选择专注于可能做到的事情,而不是专注于不可能的事情。所以,这就像你选择穿什么或吃什么一样,你也可以选择如何看待这个世界，用什么样的视角来看待这个世界。通过选择从自我怜悯的角度来看待自己的生活，你就能走在通往幸福的道路上。

除了自我怜悯，也不要忽略感恩之情。这就像你在做面包的时候没有酵母一样。你还是能得到一些可以吃的东西，只是不会那么享受。感恩就像将自我怜悯和不同视角结合在一起的黏合剂。它能让你意识到在生活中积极的方面，尽管在艰难时刻，它们很难被你记起。积极心理学给了我们很多关于感恩的研究。不断练习感恩的心态是改善情绪和保持快乐的重要元素。请尽量保持一颗感恩的心。

我们有一个练习感恩的技巧。那就是你必须真正地心存感激。只是不停地说"我很感激……"这样的嘴上唠叨只会让自己更烦躁。

要体验感恩，这并不是要求你列出你认为应该感恩的事情。它是关于花一些时间去体验内心的感觉，真正地对某些事心存感激。它不必是深奥或复杂的，尽量想出一些生活中简单的，却让你感到幸运的事情。

我们经常用抽象的方式思考某些事物，并说我们觉得很感激。你经常会听到人说："我很感激我有好的身体"或

"我很感激我有个栖身之所"。即使你听到他们这么说,你也不会真正感觉到他们真的心存感激。这更像是表面上说说而已。但内心深处,他们其实在为别的事感到不开心。与之相比,一个从重病中康复的人会说:"我很感激我还有健康。"你可以从这个人的声音中听到坚定。在那一刻,你确信这个人正在体验感恩的感觉。这种感恩之情完全写在他的脸上。

📢 试试这个方法

想想一些让你感恩的事情。必须是真实的东西。它也许是美丽的日落,也许是在你需要的时候得到的一个拥抱,或者是当你不开心的时候,你和狗狗紧紧搂抱的感觉。尽可能用各种感官参与到记忆中来。感觉它,品尝它,闻它,看它。现在,充分地感受那股感恩之情。注意你的身体所产生的变化(你可能已经注意到你的肩膀变得比较放松了)。

让我们从体验幸福的角度出发。让自己勇敢一点。想想一个让你心跳加速,额头起皱纹的场景。然后,让自己进入那个沮丧和愤怒的时刻。注意你的身体是如何反应的(注意,你不能练习这个太多次)。你现在觉得很紧张吗?

现在，试试发自内心地说完这句话："这很好，因为……"试着挑战自己去积极地回答，但你的回答要有一定的道理。你可能会为此挣扎，但这没关系。你或许已经在心里自动否认或回答"不，这一点都不好"，而这就能衡量出你当前的观点有多么根深蒂固。如果幸福是一种选择，你就自然能找到那个好的选择。幸福就在那里，它跟那些让人沮丧，让人伤心的时刻是并排一起的。

动力

通过不同的视角（以及自我怜悯和感恩）而获得幸福是有意义的。但是你如何才能获得动力并开始实施这些想法呢？有时候，这种动力来自于你不喜欢的某件事。比如当你的亲友来拜访时，你的房间凌乱不堪，这会促使你马上把它清理干净，以避免给人负面的印象。或者你会帮老板完成报告，这样你就不会惹上麻烦。不过，我们还有一种更积极、更有效的选择。

不管这个任务是什么，马上开始吧。你甚至不需要动力就可以开始行动。例如，你可以先举起你的左臂，然后再放下。你不需要深入挖掘你的动机心理来采取行动。你已经读到指示并照做了（如果你没有也没关系，只要你懂得当中的意思就行了）。

你可能会陷入你的想法中而无法自拔。你或许会不断地想："我不喜欢，我没有心情，这太难了。"这些负面的想法会让你停止采取行动。你可以站起来 1 分钟，去洗手间走走，或者做几次深呼吸。这些都是有用的行动，而这些小小的行动可以让你重新出发。

如果你一直等到觉得自己准备好了或者有足够的动力才采取行动，事实上，你可能永远都等不到这个时机。还记得你梦想写的那本书吗？你想要的新烹饪风格？你一直想开始的超炫项目？你其实一直在拖延着，然后给自己各种借口。你总跟自己说时机不对，因此你梦想的东西一直还没有发生。现在，你的机会来了。不管怎样，行动起来吧。为自己的目标开始行动。正如老子所说："千里之行，始于足下。"勇敢地追求你的首个目标吧。

试试这个方法

设置一个计时器，为你的目标设定 30 分钟（不管这个目标是什么）。很有可能，你会付出比预期更多的时间。这会让你的项目真正启动起来，而这会让你感觉很棒，因为你真的做了一些事情。当你有了这种感觉，你就有了一直做下去的动力。

你已经复习了本章的很多信息，而你可能会想回头再复习一遍。为了简单起见（如果你像我一样，现在就想继续前进而不停下来），让我们再回到这一章的重点：幸福是通过自我怜悯、感恩和不同的视角来实现的。这些基本要素可以让你成功地处理生活中遇到的任何事情。无论这些事情是让人兴奋的，恐惧的还是具有挑战性的，这些事情都能让你的创造力发挥到极致。

现在，你已经掌握了基本的概念，是时候向你解释更多详情了。在下一章，我将会向你呈现一些特定的元素，让你拥有最好的自己。

第 7 章
O——拥有最好的自己

"你自己,和宇宙中的任何人一样,都值得关怀和被爱。"

——释迦牟尼

从前，有一个年轻的女人叫贝萨妮。她有一个温馨的家庭，一个支持她的男朋友，还有一份她喜欢的工作。但她过得并不快乐。她不喜欢自己的身材，经常觉得自己需要减肥。她也不喜欢自己的外表，觉得自己很没有吸引力。她更不喜欢自己的事业。在工作中，她觉得自己比其他人付出得更多。

基本上，她不喜欢的就是她自己，而这让她很烦恼。每当有人试图帮助她看到自己的长处和优点时，她就会说："我知道我是谁，但那不是我想成为的那种人。"她不能接受赞美，即使是她男朋友给她的赞美。她知道被人赞美后，正确的方法是接受恭维，然后说谢谢。但在她的脑海里，她通常会大声说："你这么说，只是想让我感觉好点而已。"

或者"你这么说,完全是因为你是我的男朋友/妈妈/姐姐/朋友。"贝萨妮看自己什么地方都不顺眼。所以她长期处于不快乐的状态。

贝萨妮试图寻求帮助。她尝试多读书,接受心理治疗,和朋友聊天。她也试图进行冥想和催眠治疗,但这一切都毫无效果。她认为自己在每个方面都不够好,而这将成为她整个人生的常态。她甚至已经习惯了用这种方式来看待自己,这就变成了一种无意识的行为。她会在工作中得到很好的评价,然后她会想,他们只是对我友善而已。我没有萨拉(或者任何一个同事)那么好。当她的男朋友告诉她,她看起来很好时,她会立即列出自己身上至少五处不好的地方。当她的父母告诉她他们为她感到骄傲时,她会微笑,但她会想,我的姐妹们才是真正成功呢,你们只是可怜我罢了。

就这样,日子一天一天过去了。贝萨妮却觉得自己陷得越来越深,好像陷进流沙一样找不到出路。无论她看到什么,想到什么,她发现的都是自己失败的痕迹。只要有一天她把自己的工作评估为"满意",那么那一天已经是很有纪念性的了。即便如此,她随之还是会列出十几处自己需要进步的地方。

通常，这就是故事中我们期待的神奇解决方案出现的地方了。比如一个救危救难的仙女，一个神奇的雷击，或者是里面的主人公中了彩票。通常，故事中都会出现一个大的转折，一些戏剧性的东西。因为如果这个故事继续朝原来的方向发展，那将会非常令人沮丧。我不知道你怎么想，但我比较喜欢幸福的结局。我喜欢太阳从云层后面露出的那一刻，而你知道彩虹很快就会出现。我喜欢启示出现的时刻，因为它表示一个新的开始，即使前面的道路仍然充满挑战。我喜欢希望之光出现的时候，这就表示黑暗的隧道结束了，你终于有机会结束一切痛苦。我和贝萨妮是在她不再相信希望的时候认识的。我能看得出她在做最后的努力，看看雨最终会不会停止，或者她到底会不会因为周围的河水不断上涨而被淹死。

贝萨妮还没有意识到的是，一直以来，是什么改变了她的人生轨迹？那就是一直以来她的人生信念都错了。当她认为自己比别人"逊色"时，她彻底地错了。她一直都在做一个错误的假设，认为自己的价值要和别人去比较。这完全是错的。她的价值在于她自己——她之所以值得拥有生命中的一些东西，是因为她是一个活生生的、会呼吸的人。作为一个活着的生命,她就是有价值的。

一直以来,贝萨妮没有给自己任何爱或感情。她没有领会本章开头的那句名言的要点:"你自己,和宇宙中的任何人一样,都值得关怀和被爱。"事实上,比起宇宙中的其他人,贝萨妮没有比他们更好或更差。但是,由于她没有给自己足够的关爱,她自然也不能接受别人的爱和感情。贝萨妮已经陷入了一种陷阱,那就是她相信宇宙中存在某种"善的等级制度",她觉得自己处在这个等级制度的最底层。她不相信自己其实对其他人如何看待自己抱有错误的观点,所以她一直觉得自己的不幸是因为运气不好。她真的是大错特错了。

在听了贝萨妮的故事后,我问了她这个问题:"你现在,或者是曾经,有最好的朋友吗?"当时,她的目光很困惑,后来就说她有。我问她:"你是怎么和你最好的朋友沟通的?"我问完后,她的目光就更加困惑了,说她不知道我在问什么。我们当时的对话是这样的:

我:"如果你最好的朋友说她不够好,说她做的任何事都不值得,说她没有技能,没有才干,没有吸引力,你会对她说什么?"

贝萨妮："我会告诉她那根本不是真的！我会为她列出她所有美好的一面。我会告诉她，听到她有这样的感觉我很难过，但她完全是错的。我会跟她说她很棒，很善良，有爱心，漂亮，我喜欢有她这样的朋友，因为她给我的生活带来了这么多的快乐。"

我："如果她告诉你她很感激你的好意，但她知道你这么说只是为了让她好受一点，你会怎么想？"

贝萨妮："我会很生气的，而且我也会很沮丧。我会告诉她，她根本不知道每个人都能看出她有多棒。"

我："当你感觉很心疼她的时候，你是会对她大喊大叫，以对她表达你的想法，还是会温柔地诉说？"

贝萨妮："我当然不会对她大喊大叫。我愿意做任何事来说服她，向她展示她有多棒。"

我："如果你对待自己像对待自己最好的朋友一样，用同样的爱、同情和理解来支持自己，那么之后会发生什么事呢？"

我不是什么仙女（虽然这会很酷），我也不是说这次的谈话效果就像雷击一样，但它确实有这样的效果。贝萨妮听完后，看看我，然后把目光移开，然后再看看我。之后，她想张口说些什么，然后又停住了。过了一会儿，她深呼吸了一口气:"我不知道我会怎么样。我从来没这么做过。我总是在自己身上看到不喜欢的东西。即使我觉得有些东西做得还不错,但我总能看到一切我本可以做得更好的地方。"

贝萨妮正处在一个重大发现的边缘。这个边缘能改变一个人的一切。也许你已经沿着边缘走了一圈,然后又退回去了。许多人试过如此接近这个边缘,然后说服自己应该坚持他们已经知道的事情,或者是自己认为自己知道的事情。这就是为什么他们没法跨越出去,而现状也永远得不到改变。

经过一番努力,贝萨妮终于准备好了。她准备用一种不同的方式来看待自己,而她也决定付诸行动。并不是魔法星尘让它发生的。她终于准备好启用一个新的视角了。她开始相信奥斯卡·王尔德的名言:"爱自己,就是一生浪漫的开始。"她已经准备好理解这句话了。如果她可以成为别人最好的朋友(而她确实是),那么她也有能力成为世界上对她最重要的人——自己最好的朋友。

也许你身上也有贝萨妮的影子。也许你在内心深处也有一种自己不够好的感觉。在你小的时候,可能一位在你生命中重要的人曾经对你这么说过；或者你长大后，有些生活中的挫折让你这么觉得。你自己都怀疑这是不是真的。这变成了一个你不愿意向任何人承认的秘密（至少你不愿意向自己承认）。这个秘密让你做噩梦，让你失眠，焦虑，犹豫和产生压力。

或者你已经花了多年时间试图说服自己和全世界，这是不对的，因为你明明知道自己足够出色。这种想法可能导致你觉得要比别人付出加倍努力。如果你的同事在你提出的建议上加了一些内容，你的防御机制就可能随时被打开。这也意味着你不晓得如何为自己设置合理的界限，因此，你不会拒绝任何额外的工作。你会自然觉得"这就是对的做法"。有时候，如果你忘记去健身房，错过了孩子的篮球比赛或者在工作中的提议没有得到认可，你都可能会觉得自己像个失败者。无论你是用何种标准来衡量，你都不断地跟自己说你需要做得更多，成就更多的事情，因为你不认为自己已经做得很好。

尽管贝萨妮知道如何同情他人（她甚至有帮助有行为问题的小孩的经验），但她对自己却持有不同的标准。她相信她需要变得完美，所以她必须不断尝试，不断鞭策自己，直到她觉得达到了那种状态。贝萨妮忽略了一个最大的事实——我们都是不完美的,而这本身没有任何问题。我们所有人都是不完美的,包括你和我。

你可能有过这样的时刻,那就是在内心的深处,你知道自己不够好。你就像贝萨妮一样,在流沙中挣扎。其实,你越挣扎,沉得就越快。你要做的是保持冷静,不要挣扎,试着仰面躺着浮在水面上,或者仰泳到安全的地方。

耐心就是自我怜悯的外在形式。在遇到像流沙那样的情况时,保持耐心就是最重要的行动。首先,你要接受你身处困境的事实,放下恐惧,试着漂浮起来,这样才能帮助你到达坚实的地面。

当你内心开始挣扎、对抗(或屈服)、自我怀疑和产生消极的思想时,你可以遵循以上同样的模式。试着深呼吸和慢下来。意识到你需要运用自我怜悯的物理(漂浮)技巧,这意味着用爱和关心接受自己的感觉。提醒自己,就像其他人一样,你就是不完美的。如果你把自己当作自己最好的朋友,你就能熬过来,清醒地回到真实的世界中。

当你最好的朋友在挣扎,在艰难的处境或很沮丧时,你会倾听她的感受。你会同情她的感受,并提醒她所有关于她的非凡的、美妙的、令人惊叹的长处。你甚至会把她跟其他人做一些比较，让她看起来就是最棒的。你可以做她的啦啦队长、红颜知己、守护者。你可能会承认她说的有道理（但你也可以说："是的，有时候你确实会变得很暴躁，做出冲动的决定"），但你这样做是为了认可她的价值，让她知道自己所做的是正常的（"是个人都会犯那样的错误"）。你会提醒她即使她有时候处理事情的方式不够完美，但也没关系（你会回答并安慰她："是你搞砸了，但那又怎样？你还记得上个月你告诉我你的老板怎样让公司损失了两万美元的吗？倒霉的事情一定会发生的。至少你立刻发现了你的错误，这样就没人损失钱了。现在你知道下次怎么做得更好了"）。你对朋友很关心、耐心、友善。你允许她保留她的行事方式，并尽最大努力让她去正确看待她的行为，同时保持她内在的善良。你是她最好的朋友，而且在行为上，你也是这么表达的。

如果你把你对朋友和你对待自己的方式相比，尤其是在你觉得自己不够好的时候，你可能会发现对自己的要求很苛刻，挑剔，甚至残忍。你对自己说话严厉，你不能容忍一些小的过失。你从每件事中都看到自己的错误。你觉得自己哪种标准都达不到。如果，出于某种奇迹，你在自己身上发现了一种长处，你也很快就会回到那长长的失败清单上。尽管没人会把这些看成失败，但是对你来说，这些都是让人悲伤和沮丧的。然而，你的推理是有缺陷的。

你对待自己的方式不会像对待你在乎的人那样。你只关注并强调整件事的其中一部分。即使你告诉自己你是客观的，事实也不然。你不想去愚弄自己，以免把自己想象得太好（其实这都是自己幻想出来的），你却错过了故事的其余部分。当事情出了问题，比如你迟到了，或者不符合预定的外部期望时，承认这些错误是绝对有意义的。但这些都不是凭空发生的。如果你在正确评估自己的失败（我不介意用失败这个词，因为如果你失败了，就代表你尝试过），你很可能不会这么看。如果你把"失败"看作是你投入、努力学习和前进的证据，那么"失败"这个词就用得不恰当了。你也可以选择评估你的成功和优势。你可以选择以一种关心、同情和友好的方式去看自己。因为你永远不会像对自己那样对你最关心的朋友说话。

你可以试试这个方法。把你自己想象成一个公主。她不是那种花瓶，也不是那种不能自己做决定的公主，更不是迪士尼那种脆弱得不得了的公主。想象你是一个西娜战士型的公主：一个强大、独立、聪明、有力量、有积极的自我意识的人。你重视自己的价值，并能明智地选择朋友和伙伴。你是一个不能安分下来的人,一个认为自己足够好的人。这位公主有着很高的自我价值感。她有足够的自我感知和自信,她也完全欣赏和接受自身的价值。

她就是一个掌握自己命运的女人。

试试这个方法

直直地坐起来,让自己坐得很直。肩膀向后伸展。你感觉怎么样?当你挺直腰板坐起来的时候,你会感觉好一点吗?更强大,还是更积极?没精打采或埋头苦干对你的自我形象并没有正面的影响。想象一个人在公共汽车上,在工作时或在餐馆吃饭时坐在你旁边,他坐姿端正。我们自然会被姿态优美的人吸引。我们通常能马上注意到那些坐得很直的人。他们看起来自信、稳重,能够赢得别人的尊重。对陌生人来说,这也有着同样的影响。与之相比,那些懒洋洋地坐在椅子上,肩膀前倾,头朝下的人,他们给人的印象是他们的生活出了问题,他们不太有能力,甚至可能不够好。

现在,想象一下你是一个战士型公主,并在一个公共场合里。你身边有很多人,他们都想了解你。那么,你会怎么做?你会接受每一个邀请吗?真的吗?这里这么多人的邀请你都会接受？

肯定不会的。不管你有多么好，多么善良，多么有兴趣，你都会谨慎、有鉴别力地做出选择。这是一件好事。你有区分的能力，能确定什么能满足你的需求。考虑多种因素后做出合理决定是一种技能。战士型公主不可能接受所有的订婚邀请。如果发出邀请的人是个不友善、不公平、不守规矩、不开心的人；如果他的身上没有那些积极独特的元素，那么战士型公主就不可能接受他。这位英勇的公主知道自己的价值。她不会怀疑自己是不是足够好，所以她能够准确地评估什么才符合自己的最大利益，什么才有利于她所关心的人和她持有的信仰。

当你环顾四周，你会发现许多人都在争抢你的时间和注意力，你会自然地挑出那些看起来最积极的人。根据你自己的标准，你寻找的特征可能是幽默、智慧、关心人、强烈的职业道德，或其他数不清的因素。我们对积极的定义引导着我们的选择。你不会因为某人要求你接受他，你就强迫自己接受他以及他的信仰或选择。当然，如果你是战士型公主，你会排除任何低于你的个人订婚标准的人。而这是很有道理的。在你的社交圈子里，有那么多潜在的人可以联系，那么多的选择。你不需要因为稀缺而做出错误的选择。你有大把的可能性。

想象一下在你生活的各个方面都使用战士型公主原则。你就会善待自己、重视自己,重视自己的时间、注意力和参与程度,并相信一切皆有可能。

你应该理解、接受并利用你拒绝的能力。你将开始对那些看不出你的价值的人说不,对那些只拿取别人的成就而不付出的人说不,对那些对你不友善的人说不,对不善待自己说不。虽然你曾经一时陷入了流沙中,但是你现在知道自己有办法和能力摆脱困境。

你也应该理解、接受并利用自己接受的能力。你会开始接受更多的幸福,发现自己的价值,选择被善待,充分发挥自己的潜能。你也会关心自己,用善良和同情的态度对待自己。你愿意做自己最好的朋友,这样也可以增进你跟其他人的人际关系。你将开始承认自己是个很棒的人。

贝萨妮决定先从学会做自己最好的朋友开始。她意识到她对自己说的话通常是非常残忍的,如果她这样对朋友说话,这段关系可能会很快结束。她开始练习接受那些真正爱她的人给她的赞美。她之所以能够这样做,是因为她意识到,每次她拒绝他们的称赞时,她都在给他们一个信息:"你在说谎"或"我不能相信你是诚实的"。事实上,她非常信任她的家人和朋友。对贝萨妮产生重大影响的是,当她问自己身边的每个人(好像在进行民意调查一样),他们都说当她不接受他们的赞美时,他们觉得非常伤心和沮丧,而贝萨妮对此感到很惊讶。

贝萨妮开始把自己当作一个宝贵的朋友来看待,而几个星期后,她开始注意到自己的变化。她开始较少觉得自己很糟糕,她甚至开始欣赏自己的价值,认同自己是足够好的。贝萨妮还运用了战士型公主的原则,专注于自己的坐姿和站立姿势。她惊讶于小小的改变所带来的巨大变化,并发现这些变化加强了她内心积极的一面。这导致了更多的变化——她开始上瑜伽课,不再那么担心自己的成绩(她也顺利拿到了学位),并注意到自己在日常生活中有了更多的精力和热情。

如果你还没有成为自己最好的朋友,现在就是开始的最佳时机。我在我所有的社交媒体上使用#own best friend(自己最好的朋友)这个标签,作为对自己的提醒。同时,我也在积极地传播这个信息。和我一起跟上这个潮流吧。

在前几章中，我们介绍了如何提高你的精力，创造更多的时间，实践不同的观点（以及自我怜悯和感恩）。现在，随着这一章，我们谈到了要做自己最好的朋友。接下来，我还要为你介绍更多。我想让你唤醒内心最厉害的东西，让你站得更高。

第 8 章
W——唤醒内心最厉害的东西

在一种完全偶然的情况下，我发现了自己内心中最厉害的东西。有一次，我在礼品店试戴不同的帽子。我试戴了牛仔帽，然后又戴着豹纹帽，我拍了一张可笑的照片并自己笑个不停。我丈夫忍不住，悄悄跟我说："安静点。别人都在看着你。"这时我的耳边突然响起了一个声音。就在那个时候，这个声音唤醒了我内心最强大、最厉害、最能让我的生命产生改变的东西，那就是我不在乎。是的，别人正在看我。他们可能被我逗乐了，也有可能觉得我很烦人。这些我都不管，我只是在享受快乐，我不在乎自己看起来有多么愚蠢。我完全享受那个时刻。而且，我为什么要在乎别人的眼光呢？

和很多人一样，我经常担心别人对我的看法。我希望别人都喜欢我。内在里，我是一个自我意识过剩的人（很在意别人对自己的看法），于是我努力让自己从外在上看起来优雅而镇定。我很在意别人的意见，有时候，我甚至会因为在意别人的眼光而不争取自己想要的东西。我通常表现得很自信，但这却不能反映我内心的想法。我担心自己看起来是否足够好，我说的话是否会被别人接受，我是否在做"正确"的事情。我经常很怕自己看起来很傻，或者让人觉得我在做不合适的事情。我希望别人对我有好感。我从来不管自己真正想要的是什么。而我将要讲的有关亮黄色车子的故事就是个很好的例子。

在我30多岁的时候，我爱上了一辆看起来很阳光的亮黄色汽车。我考虑过是否要买这部车。我几乎跟每个人都提过这部车，并得到了很多反馈。大多数情况下，他们都会有这样的反应："你想要一辆亮黄色的车？真的吗？"他们会笑，或看起来很困惑。也可能有人跟我说过："好的，你去买吧。"不管怎样，我也记不起有人认真地鼓励我去买这辆车。我唯一记得的是，我一直在怀疑我自己以及这个决定，我一直都怀疑这是不是个好主意。最后，我并没有买下那辆车。

买或不买汽车并不是世界上最重要的事情。它不会影响你的余生,对吧?但对有些人来说可能是这样的。我之后一直在想着那辆黄色的车。每当我在街上看到一辆亮黄色的车,我就感到一阵惆怅和遗憾。然后,我就会努力提醒自己,我做了一个明智的决定。我告诉自己没有买那辆车就是最好的决定。我还会加一些其他理由,说服自己这真不是个好主意。就这样,在那之后的几年,我也是一直这么宽慰自己。其实,我大可以去买那辆车,但我却始终因为别人的意见而一直不敢做这个决定。我总是会回忆起他们当时的表情,以及当我和他们谈论买那辆车时他们给我的反应,然后我又把这种欲望推开了。在那些时刻,我远离了真实的自己。我在想,如果我内心住着一个很厉害的家伙,那么很明显,他并没有在我最需要的时候提醒我要聆听自己的声音。

那时,我还没有完全理解玛丽安·威廉姆森那句著名而精彩的名言:"我们最深的恐惧不是我们的能力不足。我们最深的恐惧是我们拥有无法估量的力量。最让我们害怕的是我们光明的一面,而不是黑暗的一面。"说实话,如果我当时看到这句话,我是无法认同的。这不能引起我的共鸣,因为我已经很好地说服自己接受怀疑,任何的自我怀疑都是一种对现实的评估。你有过这种情况吗?在这种情况下，你离看到自己的伟大之处还有万里之遥，因为你确信自己达不到这样的标准，而且你对自己的评价是客观的。

我遇到过很多女人（和男人），他们都有一个根深蒂固的信念："我并不够好。"有时它是一种表面的想法，有时它是你的潜意识的反映。更常见的是，它是一个隐藏的阴影，在你任何可能的脆弱时刻，它就会显现出来，向你低声传递各种怀疑和诋毁的信息。这是你内在的一种批评的声音（这种声音好像能代表真正的你，但其实它不能），它向你列出了所有的"不能""不应该""最好不要"。每当有人对你说了些残酷、轻率或不友好的话，它就会成倍地产生回音。它是对过去大大小小的错误的反映，这些错误在滑稽之镜中被扭曲了，所以它们看起来势不可挡，让你喘不过气。

然而，最重要的事实是最难看到的。那就是，这种声音所说的都是垃圾。那些你以为是自己内心的信息、想法、感知和信念，实际上完全都是错误的。让我告诉你，你只有一个真实的事实，那就是你已经足够好了，你尽管做最真实的自己。你并不是完美的（没有人是完美的，或能够变成完美的）。你跟所有人一样是一个活生生的人。这意味着你是一个不断学习、成长、进化的人。你的完美就在于你本身的不完美，而且你内在的可能性是无限的。这就是你要懂的真理。

你是否对我所说的有所怀疑？这个时候，想想你的大脑。你知道大脑是如何运作的吗？尽管科技不断进步，但人类对大脑的全部能力仍知之甚少。我们可以确定的一件事是，它有太多我们不知道的东西。我们有想法、理论和信仰，但却没有关于大脑的全面知识。有史以来最伟大的思想家和科学家对此都没有或许也不会有答案。这是因为我们每天都在进化。今天我们对于大脑还是充满着疑问。我们对它了解得越多，就越意识到我们需要学习的东西还有很多。我们唯一可以绝对肯定的是，我们是不完美的。所有人都是跟你一样，有着种种的不完美。

四个约定

你熟悉唐·米格尔·鲁伊斯（Don Miguel Ruiz）的作品吗？他的著作充满了古代托尔特克人的智慧。他的一部作品谈及人性的四个约定。它们的基本原则是：理解我们真实的自己，接受自己，为自身以及我们在这个世界上的位置而庆幸。它是一个路线图，指引你如何生活，成为一个非凡的、了不起的、有缺陷的、不完美的、非常厉害的你。以下是这四个约定：

1. 言行一致。
2. 不要认为凡事都是针对你的。
3. 不做假设。
4. 行动、尽力、投入。

遵循这四个约定后，你能为自己打开一个全新的前景，一扇通往连接真实自我的大门。这是一种引导方式，让你坚信自己（和其他人）是足够好的。对我来说，使用这四个约定就是认识自己的第一步，让我能够体会蕴藏在你我身上的那种"无法估量的力量"。当中神奇的关键是要明白自己所做的一切，包括思考、感觉、感知和行为都是基于自己的观点——就像其他人也是从他们自己的观点出发思考、感觉、感知和行动一样（这就是为什么你不必认为所有不好的事情都是针对你的）。这并不是要你对别人不友好，而是如果你遵守了这四个约定，你就一直在尽自己最大的努力过好每一天。而且，如此一来，你也不会做一些无谓的假设。这本身就是很好的，不是吗？

当你开始把这些想法向内消化，你就会意识到你只需要对自己的想法、感受和行动负责，不必对其他人的想法、感受或行动负责。那个时候，你就打开了一扇寻找内在的大门，你就找到了一个为自己发声并活出真实的自己的机会。亚当·加林斯基（Adam Galinsky）在 TED 做了一个很棒的演讲。他谈到了我们对"可接受行为的范围"的认知，这种认知巩固并强化了我们的权力范围感。我们很多人都遇到过双重困境。我们有过不为自己发声，不被注意的经历。我们或许也试过为自己发声，却遭遇了一些负面反应。这种双重约束限制了我们所相信的可以接受的行为范围。但在这里，我要给你一个好消息：当你利用这四个约定背后的核心信念来扩展这个范围时，你就能为自己重新定义什么是可以接受的。你开始意识到每个人都是从他们自己的角度来做出反应的，而这很多时候都与你无关。在这一时刻，你就能开始真正拥有你已有的知识，以及真实的自己。

力量

如果你和来找我做咨询的许多人一样，要想成为最厉害的自己，那么你的第一个任务就是认清自己的优势。这种方式可以让你开始改变对自己的看法。你可以把你所希望的与众不同的东西列成一张清单，尽管你的个人优点清单通常要短得多。这并不意味着你在任何方面都缺乏优点，这只是意味着你从来没有相信自己是一个真正了不起的人。所以，现在是时候重新思考这个观点，并开始认清自己的最厉害之处了。

去列出自己的强项真的会让人望而生畏，尤其是当你已经确定自己只有五六项强项的时候（如果你曾经这样做过，你就知道我在说什么）。让我来告诉你另外一个好消息：我们现在有一个很棒的基于研究的工具可以帮助你。它叫作行动中的价值观调查（VIA），建基于积极心理学。它被创建的目的正是为了帮助人们发现自己的优势。

试试这个方法

采取行动中的价值观调查来确定你的 24 种性格优势。每个人的结果中都列出了 24 个优势。这项调查是为了找出个人优势的优先顺序，并确定你最突出的五个"个性中的优势"。你可以在 www.viacharacter.org 网站上找到并参加这项免费的调查。网站上有很多有用的信息，包括《24 种方法让你的优势发挥作用》这样的博客文章。你也可以保存你的调查结果（只需要记住你的登录信息），之后再重新做一次调查,看看你的优势是否发生了变化。

在完成调查之后,你就会有一个 24 种性格优势的排序清单。更好的是,如果你想增强某个特定领域的优势,你可以专注于这个特定的领域。因为大脑具有神经可塑性(这是我们所知道的关于大脑的事实之一),也就是创造新的神经通路的能力,它允许你发展(并享受)新的行为。你有能力把自己塑造成你想成为的那个"你"。

角色

第二个对"真实做自己"至关重要的方面是评估你在生活中所扮演的角色。你是一名和事佬吗?照顾者?付出者?救援者?或是超级巨星?你可能是一个律师、顾问、朋友,或者解决问题的人。也许你扮演着家庭司机(免费出租车服务)、买礼物者、清洁工的角色。你更可能是配偶、伴侣、父母、孩子、兄弟姐妹或祖父母。你或者是一名社区领袖,一个组织者,一个总是参与志愿工作的人。你也可能是展开新话题的人,或者是保持安静的人;一个道德指引者或迷失的人。每天,我们都扮演着无数的角色,而我们每个人在任何特定的时刻都至少扮演着几个角色。

你的角色也会随着你人生的进程和不同的情况而改变。

当你开始为你生活中的角色下定义时,你就可以决定你想要的角色。是的,我所说的是你想要的角色。当我提到角色时,你可能会立即开始考虑义务和责任。不要紧张,先深呼吸。再吸一口气(也用不着过度呼吸)。这已经是你走出的一大步。这事关你真正成为想成为的人的权利。尽你最大的努力远离"这没有用,因为……"这种消极的想法。你要开始善待和怜悯自己。抱着充满兴趣的态度探索自己的人生。你正在为自己做出一项调查——那就是评估和权衡你想要在生活中扮演的角色。

试试这个方法

看看此刻你在生活中所扮演的角色(你有空的时候可以看看自己的过去,但是现在,我希望你能只专注于这个时刻)。倒一杯咖啡,坐下来好好思考一下。为自己创建一个清单,列出你可以定义的尽可能多的角色。如果你什么也想不出来,你可以试着想想其他人,想想你会如何描述他们在生活中扮演的角色,然后看看这是否能触发你对自己的其他角色的描述。

这个练习的目的是认识到你在生活中所扮演的角色，以及它们是如何定义你的自我意识的。即使你不相信，其实你也可以选择是否继续担任这些角色（是的，即使你已经为人父母，你也可以选择好的家长角色，或者过度参与的家长角色，或者朋友型家长角色。你可以是限制者，也可以是安抚者。在这里，你有无穷无尽的可能性）。

回顾一下你列出的角色清单，决定哪些是你想保留的。你可能需要尝试几次才能完成。我强烈建议你在几天内至少做几次这个练习。给自己一点时间去思考，自己真正想要的生活。与其花时间告诉别人你"不能"改变什么，不如等到你最终决定自己希望担当什么角色。

这个过程的最后一步就是问自己这个问题：我怎样才能做到这一点？这个中心问题能决定你找到的新角色的成败。这是一个关于"如何"的问题，而不是"为什么这个行不通"或者"选择这个角色有什么错"的问题。我们需要摒弃任何"我不能"的元素。你的问题（你也可以把它看成你的使命）可以用来决定你需要做什么来实现你想要的角色，你也需要这些问题去摒弃那些不利于你的角色。

还记得我在商店里试戴帽子时被人围观的故事吗？当

我笑得眼泪顺着脸颊流下来，当我笑得弯下腰的时候，我发现自己就是能改变生命的那个厉害的家伙。我发现别人怎么看我并不重要，而这就是我真正地为自己而活的开始。我开始评估和放弃那些不再适合我的角色。我开始做一些我没有做过或以前不会做的事情。我开始真正地做瑜伽。这表示着我在做瑜伽的时候，我不会再看别人，然后担心自己做的姿势不对。如果我摔倒在地，蜷成一团的时候，我会一笑而过。我开始冒更多的险，做更多的傻事。当我和家人去迪士尼乐园玩的时候，我甚至会戴着卡通头饰一整天（我觉得它真的很漂亮。尽管我十几岁的女儿看到我那样做的时候，感到很尴尬）。我开始了瑜伽训练，因为我根本不在乎它看起来是否太奇怪或太神经兮兮。我喜欢它，因为它让我着迷。我开始接受更多自己喜欢的事情。而对那些感觉更像是义务的事情，我开始懂得拒绝。还有，我把自己的工作都换了，这样我就有更多时间做自己喜欢的事情。

你知道吗？我还买了一辆阳光十足的亮黄色汽车。我非常非常喜欢这辆新的亮黄色汽车。我还记得十八年前别人给过我的意见。但我已经不在乎了。每次我看着我的亮黄色汽车时，我都会发自内心地微笑。我会微笑，那是因为它给我的感觉是如此愉快，如此阳光灿烂，它让我如此快乐。但最重要的是，我微笑是因为买那辆车是我的选择，而我最后选择了听从自己的意见。我微笑，因为这是我的生活，我正在真实地活着。我不再担心别人给我的意见，也不再操心自己是否活得有价值。

当我在开着我的亮黄色汽车时，我感觉自己就是最棒的人，因为我完全投入在真实的自我中。这就是我对厉害的定义，那就是你要愿意做真正的自己，不用担心别人怎么想。厉害的人在生活中拥抱幸福和快乐，他们选择了自己想成为的角色，并付诸实践。你不需要像我一样通过买一辆黄色的车来找到真实的自己。对你来说，具体的做法应该是不一样的。但是，不管它是什么，尽管去做。冒一下险。去旅行，在雨中跳舞，戴上你喜欢的皇冠。不要担心别人怎么想，做你想做的事，让你的心奔放地歌唱。你也可以大声笑，做些傻事，享受你宝贵生命中的每一刻。要相信你自己是绝对完美的，你本身就是一个传奇，而你的不完美本身也是一种完美。倾听你内心的声音。你不必担心任何人的意见，因为你的意见才是最重要的。

回想一下过去你穿着耀眼漂亮的礼服去参加舞会的感觉。这就是你需要的感觉：你很棒，而你正在做你自己。

第 8 章
W——唤醒内心最厉害的东西

重要的是,在这一章中,你已经进入了一个自由自在的状态。为了迈出下一步,这正是你需要的状态。在下一章,你将想象你内心的目标。是的,你确实有一个或多个内心的目标,即便你从来没有这么觉得。

第 9 章
E——想象自己内心的目标

"什么是灵魂?那就是意识。你的觉悟越多,你的灵魂就越深刻。当这样的本质溢出时,你会得到一种神圣的感觉。"

——鲁米,《鲁米之魂》

"我感觉自己的生活中少了些什么。我知道我的生命中肯定还有更多东西。我需要发现我内心的目标。"当我遇见桑迪的时候,这就是她对我所说的话。我在第1章介绍过她。她是一个聪明、善于表达、有爱心、富有同情心的女人,在她的生活中,她不断地为别人付出,但是,她却越来越深地陷入各种自我怀疑和绝望中,纵使她偶尔也会有短暂的好转期。桑迪曾经感到很有成就感并积极面对生活。她对自己、她的灵性、她的职业和她身为母亲这个角色也非常接受。但是,随着时间的推移,生活发生了变化后,她就失去了与真实的自己的联系。她告诉我的第一件事是:"我想找回真正的自己,我想找到我这一辈子的内在目标。"她即将迎来一个具有里程碑意义的生日,这增加了她的失落感,也进一步提醒她与真实的自我失去联系。

当我们开始一起讨论时,我越来越清楚地意识到,桑迪并没有看到或重视她所拥有的巨大天赋。每当她慢慢地想把自己看成是积极的或有成就的人时,她马上就开始列出自己的缺点。她拒绝接受自己足够好的事实,并将这种判断与童年的经历联系起来。然而,她不断地通过各种书籍、播客和节目寻找"答案",这提高了她对自己的意识水平。

我在为她提供帮助的过程中,在许多方面都发现了类似的情况。桑迪渴望深入她所困扰的地方,她全心全意地接受了我给她的任何关于自我疗愈的建议。但是,她每一次只能持续很短的时间。一开始,她也能有一点点自我接纳和怜悯,然后当外部一有任何事发生的时候,她就又回到了原点(差不多是原点,因为每一次,当她后退的时候,她甚至会比原点退得更靠后一些)。她并不是一小步一小步地慢慢前进,而是"前进一步,后退两步"。

由于这种模式出现得如此之频繁,我们很快就识别出了其中的问题。通过赋权过程的早期步骤,她在学习更现实地看待和珍惜自己,并取得了惊人的效果。和其他很多人一样,她制订了一套更健康的个人计划,包括休息、锻炼、更合理的工作日程安排,并增加了和女儿们在一起的时间。她在工作岗位上获得了自信，也获得了升职。而在此之前，升职会让她感到脆弱和变得不重要（被需要感是她产生这种错觉的一个诱因）。当她需要担任更重要的管理角色时，她觉得自己的参与度降低了，因此她也以为自己对公司的价值和重要性也变低了。这种模式与她总为别人着想，而不考虑自己的需要有关。她看到了这一点，并加强了专注力、自我鼓励和自我接纳的练习。对于她在赋权过程中取得的成功，她感到很自豪，但是美中不足的是她还没有找到自己内心的目标。

内心的目标

什么是内心的目标（"精神的目标"和"内心的目标"这两个词可以互换使用，你可以选择最适合你的那个词）？在过去的十年里，西方主流生活中出现了替代和补充医学。冥想、瑜伽、灵气、调息（呼吸技术）和能量医学［情绪释放技术（EFT）、眼动脱敏再处理疗法（EMDR）］等练习已经获得了普及和大众的接受。有精神信仰并不意味着那个人就是一个怪人或嬉皮士。所有的这些变化都可以让一个人更好地寻找自己内心的目标，从而实现它。但是，

第9章
E——想象自己内心的目标

如果你发现别人都通过各种手段找到了自己内心的目标，而唯独你还没有，你可能感觉就更糟糕。想象一下，如果你的内心目标就像一辆列车一样，它即将驶离车站了，而你仍站在站台上找车票，那该怎么办？或者，你根本就没有一个内在的目标，所以你更没法达到这个目标。更糟糕的是，如果你曾经拥有过这个目标，但你却失去了它，那它还能被恢复吗？它还能重新被找回来吗？

你可以从找出它的定义开始。《韦氏字典》将"灵魂"定义为"个体生命的非物质本质、具有活力的原则或驱动个体的动因"。"目的"被定义为"被设定为要达到的目标或目的"。综上所述，我将"精神上的目标"定义为"意识到一个人的活力原则（点燃你内心的喜悦），以及该原则在现实生活中的应用之旅，它也可以是任何能够带来喜悦的事物的达成"。换句话说，为你的精神目标而活意味着你要做一些能让你开心的事情，也就是那些让你着迷，满足你，激励你，给你带来安慰的事情；那些能让你做起来非常有热情，甚至让你忘记时间在流逝的事情。反正，就是那些你最热爱的事情，无论这些事是什么。

内心的目标不一定是一份工作（而且通常不是），也不一定是什么宏大的使命。但它是你被召唤去做的事。被召唤意味着你带着使命感和从容去从事一件事,而当你开始后,你通常可以专注地连续做几个小时。它能让你从内到外全身心投入。如果没有它,你的生活就不会那么快乐、明亮或有趣。因为你被召唤以这种精神的目标去生活,从而提升了你身边的整个世界。如果你不让自己的精神的目标表现出来,你就是在剥夺世界上那种只属于你的火花,你也因此失去了分享这种火花的机会。

但问题是,你内心的目标并不是藏在某个地方的。它不是被动地坐在那里等着被发现。在某种程度上,你知道自己内心的目标,因为你在生命中的某个时刻经历过它。你可能只注意到你内心的目标的冰山一角,但它就住在你的内心里。而且,你内心的目标也反映了你最真切的梦想和渴望。与你内心的目标取得联系就是培养你的激情,选择蓬勃发展,而不仅仅是为了存在和生存。当你与内心的目标联系在一起并活在其中时,你会觉得自己充满活力,势不可挡和充满创造力。在那个时刻,你会感觉自己没有限制。你会觉得自己已和宇宙融为一体。

那么,你是如何确定你内心的目标的呢?这比你想象的要容易。先想想你的遗愿清单上有什么。你想尝试做什么,没有做什么会让你后悔?我非常喜欢克里斯·艾伦

（Kris Allen）的歌曲（《把今天活得像你的最后一天》*Live Like You're Dying*），因为它提醒我们每一刻都要活在当下。我真的不想去想任何关于死亡的事（这可是很普遍的想法），但我绝对想过在面对死亡时，我可以坦然地说出："我曾经活过"。

我们已经讨论了如何选择你的感受，我们也讨论了练习不同的视角（以及拥有最好的自己和自我怜悯）才是快乐的关键。你内心的目标是选择以一种独有的方式生活，带来一种奇妙的参与其中的感觉。许多人认为人内心的目标是为他人提供某种服务。

其实，只有你活出内心的目标，而不管这个目标是什么，这对其他人来说都是一种服务。我最喜欢的鲁米（Rumi）的一句话道出了精髓："精神与有形世界交织在一起，给予者、恩典和受益人都是同一事物。你是给予恩典的人，而恩典就是你。"要知道，你只要听从内心做你自己，你就能为身边的人带来恩典。

《心灵鸡汤》（*Chicken Soup for the Soul*）和《成功的原则》（*The Success Principles*）的作者杰克·坎菲尔德（Jack Canfield）认为，成功真正的定义是实现你内心的目标。他提出了两个问题来帮助你意识到内心的目标，那就是在你内心里的指引之光：

- "你最独特的两种特质是什么？"
- "如果这个世界的运作是完美的话，那么在你眼中，它会是什么样的？"

这些都是很重要的问题，说明基于我们自己的价值观、信仰、力量和目标，我们每个人都有自己的理想世界的愿景。就像你的基因或指纹是独一无二的一样，你的内在目标也是独一无二的。它能揭示并煽起你内在的火焰，它能够照亮你身边的人。

当我见到凯伦时，她通过自我赋权过程的其他步骤得到了不少进步。作为一名律师，表面上，她已经非常成功，但她的内心却几乎没有得到满足。因此，她决心过上最好的生活。当我们确定下来并要帮她实现她内心的目标时，她陷入了一种迷茫。凯伦确信自己并没有一个内心的目标。在她年轻时，她曾在灵性和内心的目标的概念上有过一些挣扎。最终，她确定自己并没有一个内心的目标。但是，她同时也知道这确实发生在别人身上，她看到别人的生活是如何充实、自在。

尽管她尽了最大的努力，她还是没能在自己身上看到这一点。她也觉得她应该有一个内在的目标,所以她觉得自己的确是在某点被困住了。

首先,我们就杰克·坎菲尔德的两个问题开始问她。她回答得很慢。凯伦很难找到能代表她的特质。她认为自己的成功和能力平平无奇,那就是,她和其他人没有什么不同。当她试图列出给她带来快乐的经历时,我感觉她内心的火完全熄灭了,就像一个泄气了的轮胎一样。

在自我赋权的过程中,凯伦遇到了最常见的障碍之一,所以她感觉更糟了。她越是想要想出一项让她充满激情,能点燃她内心火花的事情或经历,推动她前进的力量就越少。她说,当时她自己的感觉就像车里的电池没电了一样,她不停地转动钥匙,给车加油,但却没有任何效果。更糟糕的是,她更想放弃并离开。她说:"也许我就是这样的。也许除了我的工作之外,我没有任何激情或目标。也许这是我一直跟自己开的玩笑。"

幸运的是,多亏有了之后发生的那场暴风雨,我们才帮她渡过了这一难关。有一天,凯伦开车来见我。那天的天气又闷又热,她上车前忘记了脱下外套。她很热,而空调也没有起到足够的作用。当时,她正在和一位同事打电话，说发生了一件意想不到的事情，让她的挫败感骤增。此外，在匆忙离开办公室的过程中，她把一瓶冰水忘在了桌子上。这些都不是大问题，但是因为那时候她正在忙于寻找内心的目标，这些小问题加重了她烦躁的感觉。那天，她又热又累，既沮丧又暴躁。之后，她在大楼附近还没法找到停车的地方。她不得不把车停在远处拥挤的停车场。当她下车时，天开始下雨。那天的天气很奇怪，太阳普照的同时下起了倾盆大雨。凯伦开始向大楼跑去……然后奇迹仿佛就发生了。她意识到夏季的雨正在使她灼热的皮肤变凉。当她的紧张开始消失时，她缓缓地松了一口气。当她继续朝大楼走去时，她注意到街对面有个小孩赤着脚在新形成的水坑里戏水，放声大笑。凯伦停了下来，站在雨中，沉浸在这个孩子单纯的快乐中。那是一种无拘无束的快乐。她想起了自己也有过那样的时刻——那些让她完全快乐地沉浸在自由玩耍之中的时刻。随着这些回忆浮现，她开始真正注意到她在那一刻的感受。她感到阳光洒在脸上的温暖，同时又感到让她凉快的雨。她开始注意到自己脸上的笑容。然后，她产生了马上脱下鞋子，在水坑里踩水的强烈欲望。

凯伦晚到了几分钟，她浑身湿漉漉的，脸上却挂着灿烂的笑容。当她告诉我这个故事时，她的脸好像发亮了一样,并开始笑了起来。"我一直都让自己过得很辛苦。一直以来,我都以为会有一种特别的,无法想象的力量直接地告诉我,这就是快乐,这就是激情,这就是你的目标。但就在刚才,在停车场里,我明白了一切。我内心的目标其实就是我的感知——是什么在我内心创造了一种自由和轻松的感觉,它并不是由别人或什么别的力量定义的。而我的热情之一,就是亲近大自然。我热爱待在室外。这样一来,我的灵魂自然就会奔放起来。"

试试这个方法

以舒适的姿势坐下或躺下。开始使用我们讨论过的呼吸技巧。细心地注意你的一呼一吸。让自己平静下来,当你的注意力开始不集中的时候,把它带回到呼吸进出的感觉上。(这就是禅修了!)让爱的想法浮现在脑海里。想想周围的环境,人,地方,或者能让你感觉到爱的事情。保持呼吸,让爱的体验充满你的内心。现在,想着一些你带着爱的感觉而做的事情。想想你做过什么事情是带给你快乐的。想想任何能让你发自内心微笑的事情。思考一下你喜欢什么,什么让你微笑,什么能为你带来喜悦,让自己沉浸在这件事情中。提醒自己,如果你更多地做这件事,你的生活就能充满阳光，而这能浇灌你内心的目标的幼苗，让它茁壮成长。这就是你内心的目标。

现在，让我们回到桑迪的个案。为什么她很难确定自己内心的目标？如果这是个很容易的目标，那么为什么那个聪明、成功、为自我成长而努力的女人不能做到这一点呢？桑迪其实是可以的，她最终也弄明白了当中的道理，只不过她走了不少弯路，跨越了不少障碍。她花了这么多年的时间只是让自己内心中怀疑、恐惧的种子成长，她始终没有准备好，她也从来没有意识到自己种的是错误的种子。桑迪很害怕出错，她一直在寻找和等待外界对她内心目标的认可。她看不见自己的价值，只是偶尔透过他人才看到自身的价值。她试图追随别人的道路——更确切地说，那是她对别人道路的感知。不知不觉地，她已经偏离了自己内心的目标。她觉得自己就像在暴风雨的海上漂流，找不到办法上岸。她也没有意识到，其实最能让她心安理得，最能给她安全感的就是做她自己。

当我们开始探讨桑迪寻找内心目标的时候，其实她已对内心目标有了强大的认识。她一直坚信"任何事情的发生都有原因"，但她并没有将这一认识应用到自己的情况中。桑迪一直把她生活中不幸的事情看作是她没有找到自己的方向或做得不够好所带来的后果。她每后退两步，就把这作为进一步证明自己缺少了什么东西的证据。这个信念已经变得如此根深蒂固，以至于她无法想象出一个不同的视角。

对桑迪来说，最大的启示是什么？那就像一道闪电（但实际上也是她后期努力的成果），她意识到她需要拉开一点距离，好让她看清楚整片森林，而不仅只是其中的树木。

桑迪完全沉浸在所有事情的细节中（就像在茂密森林中的树木间徘徊），当她来到一片空地或看到一片晴朗的天空时（比喻她和自己的内心的目标连接着），她开始欣赏自己，但她却不知道那就是她自己的价值。相反地，她将之视为别人的成果。

这里还有另外一个例子。桑迪一直都很喜欢做饭。她经常喜欢尝试不同的食谱，给她的家人和朋友做饭是她表达爱意的行为，是她内心目标的表达。但桑迪不明白这个道理，因为她没看出为自己做饭的价值。她知道烹饪是她喜欢做的事，也知道它给自己带来了快乐。每当她做的菜大受欢迎，她就会很开心；而每当孩子们宁愿吃别的东西，比如通心粉等快捷食品时，她就会感到沮丧。桑迪相信，执着于自己内心的目标，别人很容易就会发现，她也不想因此引来别人的意见或批评。她没有明白，她唯一需要的认可，且唯一重要的意见来自于她自己。当她意识到生活的内在目标就是追求一些能充实她的灵魂，并带给她快乐的事情时，她的光芒就爆发出来了。她并没有改变很多她已经在做的事情，但是她的灵魂却已经开始闪耀光芒。

当桑迪与她内心的目标取得联系，当她愿意聆听自己的需要时，她就改变了对整个世界的看法。她开始过一种轻松的生活，她开始看到自己的内在并认可自己的价值。每当有新的挑战或挣扎时，她确保自己有一个适当的"救援计划"，以提醒自己有能力看到整片森林，而不仅仅是一棵树。在我们的最后一节中，桑迪分享了她最喜欢的鲁米的名言："当你发自内心地做一件事时，你会感到一条河流在你的体内流动，这就是一种快乐的感觉。"

这一章着重于鼓励你探讨自己的内心，然后把给你带来快乐的事物释放出来。如果你只是一直在阅读，而还没有开始做本章介绍的练习，或者你偷偷地在怀疑快乐对你来说是遥不可及的，请不要担心。你绝对有快乐的能力，

这是发现你内心的目标的关键。有时候，我们的梦想和激情会被生活所给的困难所淹没，但这并不意味着它们已经消失了。给自己足够的耐心就是自我怜悯的一种形式，也是实现快乐的核心要素之一，还有，如果你能活在当下（正如我们在第5章提到的），你会发现前面堆积如山、如雪崩般的问题会比你预期中更快消失。如果你还是抱有怀疑态度，那么我鼓励你阅读下一章——移除障碍，勇往直前。

第 10 章
R——移除障碍,勇往直前

"不要因为害怕出局而裹足不前。"

——贝比·鲁斯(Babe Ruth)

如果我们可以简单地决定按照计划向前走，并且在我们迈出第一步时，无视那些突然冒出来的恐惧和怀疑，这不是最棒的吗？这听起来很有吸引力吧？如果我们走上前去击球，而不去担心自己是否足够好，那会不会很理想？如果我们可以全心全意地挥棒击打每一个来球，而不是说："这一次我就先不参加了"，如果我们能够应对承担风险时的压力，如果我们能如此自信，完全没有失败的想法，那该有多好？我曾经无数次幻想过我能做到那样无惧，我相信你也是一样的。

尽管我有一点不确定，那就是压力也有好的一面，让我有动力朝着我的目标和梦想前进。但是，好的压力却很容易变成坏的压力，从而毁掉全部的努力。这有点像胆固醇那样：你想要多一点有益胆固醇和少一点有害胆固醇。更进一步说，如果有益胆固醇过低，或者有害胆固醇过高，那你的身体就会出现问题。如果两者失去平衡，那么问题就大了。到那种情况，我们就需要某种干预。

恐惧是阻碍你成功的第一个障碍，而这个小家伙是非常狡猾的。就在你认为一切都准备好了，而你已经爬上恐惧之山并到达顶峰时，恐惧就会突然跳出来，并对你说："不要掉下去""你怎么才能下来呢"或者"最终，你爬了一座山。这没什么大不了的。在你的前面，还有十座山"。最糟糕的是，恐惧会告诉你的潜意识，你浪费了时间，或者根本没人在意你所做的，又或者你根本不够好。与恐惧抗争是很常见的。恐惧的对象可能会随着时间的推移而改变，但我不知道有谁可以完全在他们的生活中征服恐惧（在生活中，你可以允许一点点恐惧的存在，只要它不会长得太快，从而完全主导了你的生活）。

在这本书的开头，我透露了这一章的目的，我想在这里重复一下我当时说过的话："在这一步中，你要认识到恐惧隐藏在你的内心，并怀着同情和信念承认这一点。逃避恐惧是没有用的，因为你可能会突然被它攻击。如果你跟恐惧硬碰硬，举起你的拳头和它搏斗也是没有用的，因为这是不可能的，而且你也会从中让自己迷失。战胜恐惧的关键在于拥抱它，承认它的存在，甚至邀请它（但是绝对不可以让它停留过长时间）"。怀着同情和信念承认恐惧是什么意思？这意味着采纳埃莉诺·罗斯福（Eleanor Roosevelt）的建议："每天做一件让你害怕的事"，而不是因为害怕而把自己击倒。这意味着深呼吸，给自己一个精神上的（或真实的）拥抱。对自己说："我当然害怕了。但这没关系。不管怎么样，我们还是这么做吧。"这意味着当恐惧像一堆巨大的木头时，要把它识别出来，并一次移动一根木头。克服恐惧通常不是个快速的过程。如果你这么轻易就能击退恐惧，那么你早就这么做了。

应对恐惧需要认识到恐惧在你的生活中扮演着重要的角色。恐惧可以唤醒你，让你注意到潜在的威胁。太多的恐惧会让你停滞不前或者逃跑（而这又是一种身体在受压时的自动反应）。当你注意到恐惧，承认它的存在，并保持冷静的呼吸频率（即使你需要一点点自言自语），你就已经走在与恐惧共存的道路上了。当你抓住机会去了解你的恐惧时，你就开始降低恐惧控制你的力量。你可以告诉自己，"是的，我知道自己在害怕。没关系。我知道恐惧不能把我毁了"（即使你感觉自己处于生命危险的境地）。我们这里说的不是真正的事关生死的危险。这里说的是对未知的恐惧，对失败的恐惧，对不达标的恐惧，对敬畏的恐惧，对生活中将要发生的变化的恐惧。如果你和恐惧进入一种合作的工作关系，你生活中的事情就会迅速改变。没有了恐惧的束缚，你将能够在各种领域采取行动，包括一些你甚至没有意识到的领域。

琳达和恐惧有着很有趣的关系。她从小就知道，如果她对别人表现出恐惧，这通常会带来负面的结果。她还学会了勇敢地面对外部环境带来的恐惧，这对她非常有效。认识她的人都说她无所畏惧，因为她学到了这两个教训。但是，在她的内心完全不是这么回事。在内心里，琳达认为她必须让每个人都快乐，满足每个人的需求。而在她这么做的时候，她通常以牺牲自己的需求为代价，否则她就担心自己会孤独一人。琳达最害怕的事情就是没人陪伴。然而，多年来，她过着一种似乎非常出色的生活。她在一家大公司做律师，有一份很棒的工作，有深爱她的丈夫和孩子，还有很棒的朋友和大家庭。一切看起来都非常好，但现实却并不然。

琳达非常害怕孤独，这种恐惧让她承担了太多，付出了太多，忍受了太多。她一直在付出代价，这是因为另一种选择是独处，而独处的代价似乎太高了。她很害怕。随着时间的推移，这种恐惧与日俱增。当她的婚姻开始走下坡路的时候，她选择了低头。当情况变得更糟时，她就鞭策自己变得更坚强和更努力。因为不管发生任何事，她觉得只要她不用孤身一人就行了。恐惧占据了她的心，除了付出更多，做得更快、更多之外，她看不出还有什么选择。但是，她很清楚地知道那不起作用，她被困住了。

当我们开始一起讨论时，琳达开始学习一些她可以采取的小行动，以识别和接受恐惧本身。她开始移动那堆像木头一样的恐惧。她甚至邀请恐惧来到她的心里，并学习真正了解它。这并不总是那么容易的（恐惧是一个很苛刻的客人），但是她已经意识到恐惧只是一位客人，而她完全能决定这位客人在她心里待多长时间。

一路上，琳达意识到很多时候她更喜欢独处。独处帮助她从过多的社交活动中恢复精神。她喜欢一个人到大自然中去。当她在树林里或海滩上散步时，她会感到自己能跟精神连接起来。她突然觉得她其实也很喜欢独自长途驾车（因为工作需要，她需要独自驾车）。随着她意识到这一切的想法，她觉得恐惧的面孔仿佛变了。

琳达意识到，如果她不再害怕独处——实际上她已经认识到自己很多时候喜欢独处——那么她生活中的其他事情也能发生改变。她开始用同情来对待自己的恐惧，而不是因为这样的感觉而对自己大喊大叫。这让她可以想象恐惧之外还有什么可能。她利用这种认知改变了她生活的重要方面。她换了工作。她不再忙着满足别人的要求。她放弃了自己的婚姻。她接受了一份报酬丰厚的工作，并以其惊人的专业技能和才能而受到赏识。她把时间花在对她的生活有贡献的人身上，她也开始花更少时间在消耗她时间的人身上。她开始花时间独处，也随之开展了一段新的恋情。她仍然有疑虑、不安全感和恐惧的时刻，但她已经学会把恐惧作为自己的一部分，而不是让它控制自己。琳达是如何改变她与恐惧的关系的呢？她并不是简单地说："好吧，恐惧，我看到你了，放马过来吧。"她从一开始就意识到了恐惧，所以恐惧的存在对她来说并不是大发现。不过，在我们一起努力的过程中，她看到了更多恐惧出现的方式，因为它被各种各样的面具掩盖着。她学会了识别躲在那些"我不行""没用的""我太累了"和"我也不知道该怎么办"等借口背后的恐惧。她看到了在那些借口下尽是恐惧的影子。然后，她开始把这些面具都摘下，很快地她就能识别所有恐惧出现的方式（我们一般都视之为借口）。但是琳达也使用了一种特殊的技巧来揭露恐惧。她使用了强大的"显化魔法",也就是来自量子物理的一些概念。在乔·迪斯潘扎(Joe Dispenza)博士的书《打破做你自己的习惯》(Breaking the Habit of Being Yourself)和他的网站上,他的论述使复杂的科学和哲学变得容易理解。他描述了从内到外的改变,以思维模式和对现实的感知的改变从而使自己生活在一个不同的现实中。迪斯潘扎博士的这段话引起了我的兴趣(注意,是我的兴趣):"最新的研究支持这样一种观点,那就是我们有一种天生的能力,仅通过思想就能改变大脑和身体。所以,从生物学上看,某些未来的事件似乎已经发生了。因为你可以让思想变得比任何东西都真实。你可以通过正确的理解,从脑细胞到基因的层面上改变自己。"迪斯潘扎博士所指的是一种科学的理解,即思想并不是与物质分离的。他描述了你的思想对外部世界的惊人力量。要了解思想如何运作的全面知识,你可以尝试阅读他的书。对于自我赋权过程,你需要知道的是当你想象某件事时,你就是在创造它的实相。因为我们不习惯这样思考,我们就会陷入平常思维模式的局限中。我们认为自己知道什么是真实的,事物是如何运作的,但这限制了我们的感知。我们的感知将我们的行为限制于我们已经习得的同一套行为和反应机制上。当你创造了一个你想要发生的事情的不同版本，你会相信这不仅是可能的，还是真的事实。但是，当你把你想要发生的事情变成一种多感官的体验时——通过看、闻、尝、听，感受你想象中想要的结果，使其变得鲜活起来，你实际上是在为现实创造一个新的模框，让它去跟随。或者，正如迪斯潘扎博士所说："如果你能基于个人的任何一个愿望来想象你生活中的一个未来事件，那么这个现实已经作为一种可能性存在于量子场中，等待着你去观察。"当你观察到一种可能性时，你就是在把它变成现实。琳达用这个过程创造了她想要的生活，而不用担心恐惧会把她掌控。她不会只是坐下来对自己说："好吧，我希望一切都好起来"或者"不要再害怕了"。尽管这些在早期都曾帮助过她，如今她已经对自己想要的生活有了一个详细、明确的设想，并尽可能多地融入各种感知。然后她会花时间让自己置身于这种她为自己构想的现实之中。她会静静地坐着，尽可能积极地构建自己内在的形象（internal visualization）。她一直这么做，并开始注意到自己内心的这些小积木慢慢地搭好了。很快地，她就看到了生活中出现了巨大差异。当她的恐惧出现，并试图破坏这一过程，由于她已经学会了在大部分情况下与恐惧和平相处，她自然能继续行走在生活的轨道上。这种改变已经起到了作用。我自己也用过这个方法，并取得了惊人的效果。例如，我的工作需要长时间的通勤，每次一个小时在车上的时间都感觉是在浪费我的生命。我尝试了所有的方法，包括听鼓舞人心的有声书，在上下班途中和朋友聊天，把开车看成是我的"安静时间"。尽管我让这段路程变得更容易忍受，但上下班仍然是每天最累人之事。在很大程度上，通勤只是一个表面的借口。我更大的问题、我潜在的恐惧就是我没有成就感，我知道自己需要做出改变。但同时我又害怕做出改变。有了这份工作，我就有了安全感和熟悉感，而且我不断跟自己说"这份工作也没有那么糟"。我喜欢我所做的大部分工作，所以我花了几年的时间"充分利用它"，而不是去处理我的恐惧。我试图在心房里用栅栏把恐惧挡住，以防它来袭，但我不知道自己就是被困在里面的那个人。有一天，当我又重复那累人的路程时，我大声说："好了，各位，我准备好了"。我立刻出了一身冷汗，被自己刚才的所作所为吓坏了。如果这些像神谕一样显现出来的东西是真的，那这又能带来什么改变呢？我没有引发任何灾难性的后果，因为我还没有弄清楚自己想要什么。但是，我清楚地知道自己心里的那道门已经打开了。

第一次恐惧袭来后，我开始考虑自己想要什么。我制定了一套自己想要什么的详细标准，而不是说我想在 X 地从事 X 工作。很明显，这些标准包括短途的通勤，保持同样的生活方式，从事一份能激励和启发我的工作，帮助别人实现他们最好的自我，过上更好的生活，以及和教学有关。六个月后，我得到了一份工作，它离我家只有 15 分钟的路程，这份工作能激励别人，也能给我带来挑战和兴趣，帮助别人发展他们的技能和才能。它也跟教学相关。还有，得到这份工作后，我就有了更多的自由时间，我也不用再花时间在通勤上了。我开始扩展自己的个人发展，包括教练指导、监督管理和写作方面的业务。这实在是太好了。

我能得到这份新的工作，那就是因为我富有创意地设想了这个问题："如果……，那会怎样"。我没有像一般人那样想"如果我得不到那份工作，那会怎样？如果我没法交付租金，那会怎样？如果派对里没人愿意跟我说话，那会怎样？"这些问题都是以消极的假设为中心的，而我却用了一个积极的假设。我的假设是，如果我可以做任何我想做的事呢？如果我有很多空闲时间做我喜欢做的事情呢？如果我不害怕呢？这是一个极其强大的过程，也是创造新现实的第一步。一旦你能面对你的恐惧，大声把它喊出来，想象自己并不害怕，奇迹就开始发生了。然后，你可以加入一些具体的形象化体验（看到它，听到它，感觉到它，品尝它），你就创造了你的个性化的"显化"方法。这听起来很疯狂，但却很有效。

我将与你们分享一个秘密，关于我如何确切地知道恐惧何时会悄悄逼近我的秘密。在那一刻，你就知道自己是时候转过身，并带着勇气和自我怜悯去面对它了。你准备好了吗？当你直接面对自己的恐惧的时候，你可能觉得自己快要吐了。你会感到胸部刺痛，并好像有眩晕的感觉。当我面对自己的恐惧时，我感到自己的喉咙紧绷着。一想到可怕的风险或可能的机会，我就会一阵恶心。这引发了一连串的反应，这些反应主要围绕着你认为自己不该做的事情。这虽然让我很不舒服，但是我知道自己必须勇敢面对它。

如果我把这个风险推开或忽视它，并告诉自己"现在还不行"和"这行不通"，那么这种不舒服的感觉就会自行消退。但是，如果我决心爬到高台跳水板的末端，准备好跳跃，那么那种恶心的感觉就又回来了。那就是我感到最困难的时刻，觉得整个人简直僵硬了一样。

想象一个超高的跳水板延伸到湖面上方。你已经排好队，现在轮到你了。当你走到跳板尽头时，恐惧的感觉开始浮现。你告诉自己，你不想这么做，这是个愚蠢的想法。你已经准备好转身，从这个高得可笑的跳水板上爬下来，然后安静地、安全地坐在湖畔。现在，你只有一个问题。你后面有一大群人排队等在你后面。他们都在梯子的不同位置，阻断了你轻松逃走的路线。其中一个人就在你身后的跳板上。回去是不可能的，前进又是可怕得要命。你开始觉得你要吐或崩溃了。现在，你已经没有后退的路。而且你必须现在做决定。你必须跳下去。这很可怕，但这是唯一的出路。你做了几次深呼吸（这是个很好的拖延策略，也能让你平静下来）。你提醒自己一切都好，而且你不会死的。你意识到恐惧的感觉充斥着你的身体，你知道恐惧的存在……然后你闭着眼睛一跃而下。

警告——当你摇摇晃晃地离开水面、爬上岸时，那种跳跃、冒险的感觉可能还在。这是你体内的压力荷尔蒙的后遗效应。但是，你可能还有另一种感觉，那就是你会松了一口气（并跟自己说你做到了），还有一点点骄傲。你越多地思考自己的成就，而不是自己的期待，你的感觉就越好。你还活着，而且你做到了！你就是那个最厉害的家伙。即使一个比你小四岁的讨厌的年轻人还不停地冲上来，跳水，再跳下去。那没关系。那是他自己的事情。最重要的是，你克服了自己的恐惧，而且你身上并没有任何损伤。

当我感到恶心的感觉开始在心里翻江倒海时，我知道我走对了路。我的身体是我的朋友，它告诉我这个反应对我很重要。不管出于什么原因，它就是很重要的。它让我有机会活在当下，过我自己的生活。你知道吗？它从来没有误导过我。每一次我有这种不舒服的感觉时，也就意味着我正处在改变生活的行动的边缘，即便当时我并没有这样意识到。这就是让我前进的秘密标志，让我拥抱最厉害的自己。

我在上面给了你一些步骤，以及一些支持性的例子，告诉你如何过上有目标，有激情和轻松的生活。我已经向你展示了如何和压力说再见，并张开双臂迎接压力的到来。你不需要加入特殊的俱乐部，或者认识哪些重要的人物就能做到。这本书里有你需要的所有答案。现在，我的问题是：你会跟随这些方法吗？或者你会不会告诉自己它对别人有用，但对你却没用？你会在恐惧的掩体中继续保持原样吗？你会不会说你早晚会这么做，只是现在还不行？你会不会告诉自己这是一堆废话，你太忙，压力太大，太累而无法采取行动？或者你会不会因为认为自己没有足够的

"证据"来证明这个过程是有效的？

根据我给自己和他人"治疗"的经验，在自我赋权过程的某个阶段，你至少会做出一种或多种回避行为。这是不可避免的。这并不意味着你不能执行这个过程。这只能说明你是一个人，是人就会犯错。我们开始尝试一些东西，但却踌躇不前。我们遇到挫折，把它视为失败，然后停下整个过程。你也会面对这样的过程。

我已经使用了每一种推进进度的技术，以及许多替代的方法。在那些找我咨询的人当中，有部分人一开始就有了负面的想法，而有些是当他们不得不面对改变时才开始变得负面。我们大多数人都抗拒改变，即使我们已经有了足够的条件并且想要改变。而由于你一直处于静止状态，你的思维也有了这种惰性。还有，我们实在太能给自己各种借口了。尽管如此，改变不仅是可能的，而且是完全可以实现的——你可以从特蕾莎、贝萨妮、桑迪、凯伦和琳达的故事中看到。即使你很害怕改变，你还是有可能实现自己的目标的。用哈丽特·塔布曼（Harriet Tubman）的话来说："每个伟大的梦想都始于梦想家。永远记住，你拥有足够的力量、耐心和激情去获得成功，去改变世界。"现在似乎就是你开始的好时机。

> **试试这个方法**

找一个安静的地方坐下或躺下（你之前已经练习过了）。做几次深呼吸。开始正常呼吸的节奏，专注于你的吸气和呼气。在几轮呼吸之后，问自己这些问题：如果我能做自己想要做的，成为自己希望成为的人，或拥有自己想要的东西，那该有多好呢？如果我无所畏惧，我会做什么？让自己静下来思考这些问题。如果你不能立即得到答案，那也没关系。这个练习要做几次，直到你开始对你想要的未来有一丝希望。

你很有可能已经知道了这些问题的一些答案，但你却可能觉得这些目标遥不可及。放下你的怀疑，给自己一个机会从内心聆听你的答案。

一旦你在脑海中有了你想要的东西，就把它变成一种视觉化的、多感官的、充满活力的场景。添加尽可能多的感官细节。感受那种气氛，那种温度，那就是你最理想的生活。加入颜色、气味和味道。你听到了什么？你看到了什么？让它成为彩色的、高清的、真实的感觉。在你的脑海中巩固这个愿景，然后一遍又一遍地想象着它。添加更多的细节，更多的花式，更多的欢乐。相信它。品尝它。让它变得真实。

我跟你分享了一些鼓舞人心的故事，讨论了女性如何在思考、感受和感知方面进行重大转变。这些女性改变了她们生命的剧本，但保留了关于她们自己的技能、欲望和价值观里最重要的部分。每一位女性都在此过程中遇到过重大障碍。

这一章总结了人们最常陷入困境的情境，以及在荆棘中开辟道路的方法。这是如此重要的一章，因为你也会在某个时刻碰到这种情况。尽管大胆想象你想要的，并直面自己的恐惧。只有在面对挑战和尝试翻越障碍时，我们才会发现自己是个活生生的人。你也会重新感受到自己的生命力。

你在赋权过程中学到的知识和技能会帮你克服任何困难。我们马上要进入最后一步，那就是让你的光芒闪耀。

第 11 章
S——让你的光芒闪耀

"发出最耀眼的光芒,做真正的自己。"

——罗伊·T. 贝内特(Roy T. Bennett)

你真的是最棒的。你付出了那么多精力，增加力量，给自己腾出了时间，而且还为了兴趣和目标而努力。你深深地了解到自己才是最可靠的朋友，而且你每天对此都有更深的感受。你已经慢慢习惯了表现出最好的自己，并对事物有不同的视角。你充满了力量，任何人都阻挡不了你。面向未来，你能自信并轻松地前进。

赋权（EMPOWERS）自己就等于让自己变强，其实也就是学会欣赏自己，并找到克服困难的方法。任何一件小事情都能让你变强，它或者是一首歌，某个人说的某一句话，或者是某个画面。这些东西都能让你保持坚强，为你增加动力，并给你启发。

你所要做的就是坚持下去。你是否还在问自己，你是否能朝着美好的生活迈出重要的一步？你是否已经取得了一些进展，但感觉还是有很多事情没有完成？如果你有这样的感觉，你要知道的是你并不孤单。本书的第 10 章已经探讨了你的人生路上可能出现的阻力和障碍，然而，如果你要为生命的成就而庆祝，则可能还要克服一些绊脚石。

你是否有过这样的经历：把食物放进烤箱一段时间后，准备享用美餐时却发现它还没有完全烤好？前几天，我做了一块乳酪蛋糕。我按照指示，并设置了计时器。等一切都准备好了的时候，我垂涎欲滴地等着享用美味的食物。但是，当我吃第一口的时候，我才发现乳酪蛋糕的中间是稀的，而底部的外壳是湿的。我非常失望。很明显，它需要更多的时间才能完全烤熟。

从外面看来，它很完美。在我吃之前，我根本不知道它原来还没熟。

这正是维姬所遇到的事。她很清楚自己需要做什么来变得更强，也已经都做了，但当她要发挥自己的才华时，她却犹豫了。在她的生命旅途中，她一直都站在高处，在各个方面做出改变，而且在人生的各个方面都预期到了自己能取得的成就。她感到精力充沛，在各个方面都受到启发,而且她还把自己照顾得很好。她清楚地知道自己最主要的强项在哪,并运用了一些新方法以应付工作和家务。表面上,一切都很顺利。她的生命充满着未知的惊喜和骄傲,所以她对新的机会跃跃欲试。然后,一个难得的机会来了。这一次,她要接手一个大的项目。她也是最近才知道这个项目是关于什么的。但是,她却犹豫了。

在我们的谈话中,维姬给我讲了一个关于她丈夫前一年粉刷浴室的故事。

"我们选择了一种非常大胆的颜色。我们买了新的固定装置,新的毛巾和其他装备。所有的东西看起来都很和谐。但是,当我走进浴室时,我却注意到他还没有把柜子周围修理好。一般来说,你是看不见这个小瑕疵的,除非你是站在浴缸里。我称赞我的丈夫做得很好,然后我让他完成最后的一小块。可是,已经快一年了,这个地方还没有修好。我之后一直不明白为什么他在完成最后一部分之前停住了。这个故事里的情境就类似我现在的感觉。每件事情都进行得很顺利,而且它们都向着好的方向发展。可是,我却始终觉得自己没能力完成那最后的一部分。"

维姬又回到了那种熟悉的境地。那就是她在需要做出一个决定或干成一件事前，却对自己的能力产生怀疑。与其利用自己已经学会的东西继续前进，她选择了后退和给自己列出了一大堆问题：如果我一切的成就都是侥幸取得的呢？如果我根本没有这个能力，那怎么办？如果我在完成最后一步时失去了灵感，那怎么办？如果这根本不是我应该做的事呢？

渐渐地，她被这些负面的想法控制住，并容许它们流入自己的生活里。在我们的谈话中，她把所有内心的想法都说了出来。她甚至开始怀疑自己是不是承受过多压力，并非常害怕自己会窒息。

有趣的是，就在维姬和我计划见面之前，我读到了一个故事，这个故事是关于一个女人的。这个女人写了一本非常棒的书，并自费出版，这是一本市场非常需要的书。为了出版这本书，她可是费尽了一切心血，但她却没有做任何市场营销或推广工作。即便她以前和现在的客户都很欣赏这本书的内容，并因为她的知识和经验而受惠；即便她的书在市场上的需求很大，它也许能帮助上千名女性，可是，在出版后的两年内，她都没有推广自己的书。以她自己的话说就是："一方面是我懒惰，另一方面是我不知道之后会发生什么事。"我很理解她，其实她一点都不懒惰。

如果她懒惰的话，是无法完成一本书的。她也不是觉得无聊，太忙或自己不够资格。她有一点说对了：那就是她害怕。这就是她为什么没有完成最后一步的原因。虽然我并不认识她，我对她内心世界的论断多少有一点冒昧，但我非常肯定的是，她的恐惧就是阻碍她前进的原因，而并不是懒惰。我能这么确定地说，是因为我见过类似的事太多次了。

后来，我把那个女人的故事告诉了维姬，她觉得很有共鸣。"是的。我跟她一模一样。这甚至比我的浴室故事还要精彩。那个女人后来怎么了？那我又应该怎么办？我可不希望这一切功夫都白费了。"维姬知道自己恐惧什么，但是她却无法从中跳出来。就像一个跳水运动员一样，她明明知道自己已经可以从跳板上跳下来了，而且在她上跳板之前，她已经克服了自己所有的恐惧。她已经知道跳进冷水中是什么样的感觉，也知道之后怎样游出来。她以为自己已经完全准备好了。但是，当她的脚迈出去的时候，她却犹豫了："怎么了？我不是已经完全准备好了？"

就像剥洋葱一样，为了改变自己，维姬发现了更深一层的自己。当她跟从了所有的指示和在"对"的时机准备好之后，她决定要完成这一切。而当她了解到她还有更多的东西可以尝试的时候,她震惊了。其实,她能改变的东西远远不止这些。

这本书和自我赋权的过程并不是你做出改变最后一步。只要你活着的一天,你就有可以发掘的东西。让自己变强就是让你跟着目标和激情不断前进,而在这个过程中,你将会蜕变。你将可以把生命所有的障碍物都甩开,这样你就能确定你需要的是什么和如何做最好的自己。在这个过程中,你会把已经学到的和见到的运用得更淋漓尽致。这个过程非常棒,它会让你得到意想不到的收获,但同时也可能会让你害怕。这种害怕是源于你要只身一人去冒险,面对未知的世界。你要知道的是,这个过程始终是好的,因为它会让你更认识自己,你在想什么,你想做出什么样的选择,这些元素都能让你继续向前。但是,就好像剥洋葱一样,你越往里剥,它的味道就越大。这就好比你越认识自己的内心,就越能看到自己真正的软弱,这可能会让你更想后退。在快完成最后一步时,在快成功的时候,你却受不了了。要是我的话,我可能还会在那个时候想吐。

关于那些"我不知道为什么"的恐惧都是跟"成功"有关的。它可能是那种惊天地泣鬼神的成功(就类似于作超级巨星那种成功)或者是不成功便成仁的状况(类似于在日常生活中碰壁,比如项目失败了,或者是得不到晋升,面试失败了,约会失败了等)。这些情况都跟"成功"有关,因为你了解什么事能让你成功,什么事不能。然而,在你快成功的时候,如果你停止了脚步,你就明白了在恐惧之前却步是什么样的感觉。其实,你已经尝试过那种感觉了。你已经试过因为恐惧而却步,而那都曾是你所后悔的事。那些让你追悔的时刻能让你保持清醒,提醒你自己错过了什么。

每当我有那样的时刻的时候(在我控制了想吐的感觉之后),我就会听夏奇拉在电影《疯狂动物城》里的歌曲《尝试一切事情》(*Try Everything*)。你应该看看它完整的歌词,这是一首很激动人心的歌曲。如果你想过一种真正有目的,有激情,让你轻松的生活,那就尽情体验吧。你应该打开心扉接受一切恐惧,甚至是那些让你恶心的事情,正如你踊跃迎接生命中的快乐和兴奋。

我最喜欢的私人教练安琪拉最近分享了她对成功的看法:"我喜欢胜利。我为我的成功感到骄傲,但我同样为我的失败感到骄傲。我决定了在哪些事情上我是成功的,在哪些事情上我是失败的。不屈不挠,这就是通往成功的方法。"对我来说,她的个人光芒简直是太耀眼了。在跳板上,她毫不犹豫。她先跳下去,然后再想别的。对她来说,什么事情都难不倒她。如果所做的乳酪蛋糕中间有点稀,那么下次烤得久一点就行了。她能利用自己的经验,在下一次做得更好。她的无惧让她的光芒闪耀极了,而且在必要的时候,她还能让自己更耀眼一些。

我和维姬分享了安琪拉的故事和道理。她后来明白了。她对着我做了几次深呼吸,然后又做了几组。接着,她咽了口唾沫,前后摇着头。最后,她对我说:"好吧,我准备好了。我可能会怕得想吐,但我真的准备好了。"

如果你承诺自己要前进,并让自己的光芒闪耀,那么你应该怎么做?我们来看看以下几种方法。

做出承诺

首先,你要对自己做出承诺,并信守承诺,活出自己真正想要的生活。你的努力是值得的,而且,如果你不对自己做出承诺,就没有人能帮你做到。你要对自己的想法、感受和行动负责(你无须对其他人的想法、感受和行动负责)。赋权的过程不是一个速效的承诺,就像三天的果汁排毒那样。这是一种长期的（你可以认为这是永久的），并集成了前七章中的概念和技巧的承诺。如果这对你来说是很重要的一大步，先不要惊慌。这种承诺是内在的，除了摆脱旧的模式和习惯外，它不会让你花费任何东西。这些过程中所涉及的步骤是重要的基础，能帮你构建你想要的生活，它们也能按照你的规格设计你的生活。它们构成了坚实的基础，还有很大的创造空间。

试试这个方法

列出至少12首能反映你新态度的歌。在我开始写这本书之前，我为你创建了一个歌曲列表（在书的结尾可找到访问链接）。每次，当我坐下来写作的时候，我都会打开这个播放列表，因为我想让这些歌曲发挥背后隐藏着的魔力。在我们还没见面之前，我就设想到你会成功。这些歌曲都在歌颂着你和你的成功。我为你选择的歌曲反映了你的成长，你的个性，你对真正的自己的认识，你隐藏的超级能力，以及你对抗地心引力的能力。

集中注意力

其次，我给你介绍一句凯蒂·佩里（Katy Perry）的话:"我不会跟不安全感谈判。"那些让人毛骨悚然,令人厌烦,那些"这不可能是真的"的想法已经被拒之门外了。你的心房里已经没有容纳这些想法的地方,也没有欢迎它们进来的迎宾灯。这些想法得彻底消失。那些"我不能""我不会成功""这不适合我"的想法都要消失。那些消极的"如果"只是说明"我害怕"的借口。你已经决定了为自己的人生争取到更多。为自己做出承诺,让你的火焰继续燃烧。在变强的过程中,你必须时刻保持自己正面的精神状态。

以下的几个关键行动能让你加强对事情的投入和行动力。它们也可帮你在过程中集中注意力:

- 每天找出至少三件当天让你心怀感激的好事情。
- 花时间呼吸,每天至少三次真正地呼吸。
- 问问自己:我能从这种情况中学到什么东西?
- 每天至少一次问问自己:在最好的自己的眼中,这种情况看起来是怎样的?

你还可以使用语言和词汇来支持自己度过这个过程,这种方法可以扩展和拓宽你的视野。为了帮助你,我整理了一个 A—Z 单词列表,这些单词反映了一些概念、价值观、想法,并能支持你不断进步(你可以在书的最后找到链接)。

使用这个列表的一个简单方法是每周从列表中选出两到三个单词,并把它们纳入你的日常生活中。你可以在对话中使用这些单词,也可以通过你的行为来实现它们。你可以从单词表中任意挑选单词。

例如,你可以选择"肯定""振作"和"无条件",并坚持一周。比如,当你在零下的温度去开车的时候,你可以提醒自己,快走可以让你"振作"并加速你的血液循环。这不仅仅能锻炼你转换视角的能力,而且能帮助你去肯定那些意识到感恩的时刻,这比痛苦、暴躁和疲惫都要好得多。它也能让你前进得更快。另外,"无条件"这个词几乎可以成为每天生活的关键词。例如,你可以带着无条件的爱和怜悯迎接最近在一个项目上付出的努力,而不是刻意追求完美,因为这是不可能的。另外,你也可以腾出时间让自己无条件地投入你的兴趣当中,当你意识到你的激情和目标后,你也会提高身边的人的生活质量。

你可能觉得这有点像小时候做的词汇作业,其实也真的挺像的。老师告诉过你:"使用这些新单词造句。"这些作业的目的是帮助你学习新单词的词义,并将它们融入你的日常语言中。现在,你已经明白很多单词的意思,但你可能没有在生活中充分运用到它们。尤其是一些非常正面和鼓励人心的单词,你可以从现在开始把它们融入生活当中。

尽情闪耀

再次,走到外面的世界并尽情闪耀你的光芒。你见过守夜仪式上人们点蜡烛的场面吗?一般来说,他们开始的时候天都黑了。当一个人点燃一根蜡烛,你会看到微弱的光。当第二个人点燃第二支蜡烛,然后第三个人点燃第三支蜡烛,随着更多蜡烛的闪烁,房间变得更加明亮,最后完全驱散了黑暗。光从一个针尖开始,然后随着一个一个点亮的蜡烛不断扩大和增长。从这些光亮里,你可以看到它所创造的连接和传递,这本身就是一件很美妙的事情。

当所有的蜡烛都被点燃时,它们发出的光亮是惊人的。在你灵魂的深处,你其实并不孤单。每个人的光芒都会反射其他所有人的光芒,然后给所有人更强的动力。这就是你现在所做的,当你让自己变得更强大,向世界展示你的非凡光芒时，你就成为一个真正勇敢、无畏的人。那是一个真实的，不惧怕不完美的人。这个人在向着目标前进的同时，也会遵从自己的个人责任。从今天开始，尽管把自己的光芒照亮身边的每一个人。别人也会因为你的成长而成长，因为你的光芒而发挥他们的长处。

这个世界需要你和你的光芒。所以，不妨冒一下险，把你的个人魅力展现出来。不要只在自己的空间里自我欣赏，或者把你美妙的想法局限在你的日记里。接下来，你需要做些什么来让自己更引人注目呢？你将如何把你的激情付诸行动？你将如何在这个世界上实现你内心深处的目标？有什么东西对你来说是遥不可及或者没法实现的？与其给自己借口，不如开始付诸行动。记住，在这个过程中，你会遇到挣扎，你也会失败，但是每一次你站起来重新开始时，你都在为自己增值，让自己更强大。而每一次，当你重新站起来的时候，你都带着充分的承诺与责任，为世界带来新的光芒。

试试这个方法

这是个很有趣的方法。想象一个你生活中喜欢和想要的东西，并在脑海里创造一个画面。那可以是带给你快乐的东西，可以是看起来遥不可及的东西，或者是那些改变了你的东西。我想象了一个画面，目的就是为了向你呈现在开始赋权过程之前，你可能会有的感受。就是那些感受促使你拿起这本书并阅读它。同时，我也看到了你在蜕变后的样子。你是如何的惊艳。你变得那么棒，那么坚强。你对自己的目标越来越清晰，别人也越来越被你的魅力所感染。其实，你一直都是这么棒的，你只是之前没有发现而已。你的火焰已经开始燃烧了，而这只是你人生旅途的开始。

闪耀你的光芒是赋权过程不断得以实践和累积的结果。这一步会照亮你所有的进步，并令你看清你从哪里来，将要到哪里去。这标志着你全新的、有获得感的、韧劲十足的、更高效的生活的开始。你会以勇气（可能有时也会伴随着压力带来的恶心感）面对未知和不确定性，并昂首前进。你学会了拥抱"失败"，并从失败中发现成长的机会，你陶醉在自己充分为自己的选择负责的满足感中。

现在，你准备好了迎接最后一章，目的地就在前方，上路吧！

第 12 章
目的地就在前方

当你开始这段自我赋权的旅程时，我答应过你几件事。你希望不要再感到疲劳、压力巨大、不堪重负，同时好像错过了什么；你想要增加你的幸福感、情绪控制力和生产力。我答应过要告诉你一些简单的方法来帮助你轻松地生活，做最好的自己，有目标和有激情地生活，并把你内心中的勇气释放出来。在每一章中，你都学习了解决所有这些问题的具体技巧，并进行了将理论付诸实践的练习。

你已经整合了新的知识，了解了压力是如何运作的。此外，你还知道积极的改变和赋权的过程能怎样帮助你。你也学会了如何通过呼吸、正念、转换角度和感恩来达到这个目的（即便你曾经以为自己不会喜欢冥想）。在重新考量选择和界限后，你重新定义了成功和失败。你发现了你的个性优势,并探索了如何利用它们来与你内心的目标和激情相联系。你重新激发了旧的梦想,并发现了新的梦想。你交了一个新的、最好的朋友(那就是你自己)。现在,你会好好照顾自己,用善良、怜悯和爱对待她。你已经克服了障碍和不安全感,准备用你内心的光芒照亮身边的人。

你已经学会了所有的这些,这实在是太棒了。现在,你已经有了一个通向未来的路线图。就像当今最好的全球定位系统技术一样,而这个路线图也会根据现实生活中的情况实时更新。你会遇到一些问题,比如交通堵塞、绕路、施工延误,以及在铁路道口无休止的等待。这是无法回避的。有时绕道会把你带进暂时的死胡同。但是通过使用赋权过程中的工具,你将带着承诺绕过每一个障碍。我相信你已经完全掌握好了。

记住,每个人都会有运气不好的时候,比如错过班车,有人给你设置障碍(而引发你的压力反应),把手机落在家里了。你可能会有同时头疼、感冒和胃痛的日子。你也可能会面对损失、悲伤和被迫的改变。这就是活着的魔力。如果你偏离了轨道,或者你意外地跳回到压力火车上,并感觉自己走错了方向,这完全没关系。你只需要回到你所学到的内容,用它理解现实和你自己的关系,并勇敢地继续前进。

借用帕齐·克莱恩（Patsy Cline）的话："工具存在的目的就是供人使用。"现在，你需要理清你的心脉，重新设定你的优先次序，专注于你需要的和你爱的人和事情。请求并接受帮助，因为当你成为你自己最好的朋友时，你有时候需要很多资源去完成一件事。你可以开始每天为小事感恩（比如你没有把咖啡弄洒），然后认可一些自己成就了的大事（比如你把自己的梦想实现了）。在面对自己不完美的一面之前，昂首挺胸，接受没有什么是一成不变的事实。在你的生命里，你会时时刻刻遇到新的挑战。但是，你总会找到让你的人生过得更精彩的途径。你所需要做的就是活出自己的人生。

坚持你的承诺，过上你值得的最好的生活，为自己感到骄傲。你的光芒照亮了我的灵魂，照亮了世界。请继续发光。

致　谢

> "幸福是一段旅程，而不是终点。"
> ——阿尔弗雷德·D. 苏扎（Alfred D. Souza）

这本书是准备了很久才出版的。在我个人的探索、自爱和幸福之旅中，把这些经验总结出来的念头一直陪伴着我。我知道自己并不是孤身一人。我身边有很多人从后面推着我前进，并在我偏离轨道时引导我回来。在我的治愈之路上，我一直被她们的故事鼓舞着。我钦佩她们的勇气、毅力、坚韧不拔的意志和取得成功的决心。我曾认真地倾听并认识到她们的痛苦、挣扎和最终的胜利。她们做得很棒。

感谢我的丈夫、我最亲密的朋友、我的头号粉丝和支持者汤姆·科茨（Tom Coates），感谢他愿意在凌晨一点倾听我整合的那些新想法；感谢他对我写作的热情支持，还有他帮助我重新装修办公室，这样我就可以有一个舒服的工作环境。另外，他时不时就为我端杯热茶，给我做晚饭，处处照顾着我生活上的需要。我还要感谢他对我充满温暖的爱（即便我有时候会脾气暴躁或心烦意乱），以及对我坚定的信念。他滋养着我，支持着我，鼓励着我，还给了我茁壮成长的空间。我无比地爱他。

我想感谢我的父母。言语无法表达我对他们一生的爱和支持。感谢我的父亲唐纳德·哈雷特（Donald Hallett），感谢他总是告诉我"你是一个好作家"和"你应该成为一名心理教练"。我接受了他的建议，而这是最正确的决定！虽然这是一个个人决定，但就像我们在家里说的，如果要取得重大成就，就要互相合作。另外，我也非常感激我的母亲桑德拉·哈雷特（Sandra Hallett）对我的支持。她经常会阅读我的一些手稿、文章、论文或关于我的新闻报道。感谢她总是鼓励我，提醒我去做喜欢的事情。她教导我要成为一个坚强、独立的女人，去勇敢追求成功。她使我更加光彩夺目。我希望她会喜欢这个惊喜（这是我第一次没有和她分享我的作品，我实在忍不住要马上告诉她了）。

感谢我那了不起的、才华横溢的、令人赞叹的女儿桑德拉·哈雷特（Sandra Hallett）。我能对她说的就是："你真的太棒了！"她在生活中已经完成了很多事情，前途一片光明。她的谈话、拥抱、提问和对我的信任使我能脚踏实地实现自己的目标。我希望她能意识到她教会了我很多东西，并看到我对她的人生道路给予的尊重和支持。

感谢我的好友安德里亚、戴安娜、凯西、凯利、詹、朱莉、玛丽亚·卡拉。没有她们的友谊，我该怎么办？当我有什么好消息时，我总是第一时间告诉她们；她们也是我在困难的时候可以依靠的人。她们是最棒的。她们的优点太多了，我实在列不完。从她们身上，我学到并成长了很多。我对她们充满着爱和感激。

特别感谢巴布、贝丝、布伦丹、切里、詹妮弗、乔琳、KB、马克、米歇尔和苏菲在正确的时间对我说了正确的事情。他们都不知道我是多么欣赏和重视他们。我已经亲自告诉过他们，但我想在这里再次公开地感谢他们的支持、智慧和许多美妙的笑声。他们不断地启发着我。

有关作者

克里斯蒂娜·哈雷特博士（Dr. Kristina Hallett）是一位心理学家、教授和心理成长教练。她为那些积极寻求转变的专业人士提供教练、培训、监督、治疗辅导服务。哈雷特博士致力于帮助处于职业生涯中期的职场人士摆脱压力，重新找回快乐，以提高他们的情绪控制能力和生产力。她完全致力于过快乐的生活，并认识到幸福是一种选择——一种来自于深入挖掘和学习接受自己不完美的选择。

哈雷特博士知道，要过最好的生活，首先要做自己最好的朋友。通过练习正念和冥想，通过意识到万物之间的能量联系，她给自己的生活带来了巨大的积极变化，也为她的客户带来了巨大的积极变化。凭借着自己令人惊讶的天赋，以及感恩和自我欣赏，她展现了完美的工作，并践行着她在本书中所谈的一切。

哈雷特博士在韦尔斯利学院获得生物学和心理学学士学位。她获得了麻省理工学院临床心理学硕士和博士学位。她是美国心理学协会（ABPP）认证及持有执照的临床心理学家。她将以实证为基础的心理学实践与以精神为主导的智慧相结合，为个人治疗和成长提供了独特的视角和工具。她以现代量子物理学和心理学理论和实践为基础，揭示了积极人生的奥秘，引导她的客户过上充满快乐和希望的生活。

无论是处理人际关系问题，帮助想要改变却做不到的人，还是解决人们对生活的普遍不满，她的工作都改变了成百上千的人。她在很多心理学期刊及网络媒体上发表了大量文章。她致力于广泛传播促进个人心理成长的知识，让尽可能多的人从中受益，过上快乐而充实的生活。

个人网站：drkristinahallett. org
电邮：kristinamhallett@ gmail. com
Facebook：www. facebook. com/OwnBestFriend8SimpleSteps
Instagram：www. instagram. com/wisdom_ healing
LinkedIn：www. linkedin. com/in/kristina-hallett-phd-abpp-ab307021

谢谢你

非常感谢你阅读这本书。我很高兴你迈出了这一步，决定过上一种梦幻的、压力更小的、充实的生活。如果你还在怀疑这个自我赋权过程是否适合你（或者你只想翻到最后看看会发现什么），这里有一个清单可以帮助你。

如果你出现以下情况，那么你是时候做出改变了：

- 你不止一次地对自己说："我的生活欠缺了些什么。"
- 你有太多事情要处理，却没有足够的时间。
- 你也希望多照顾自己，但在你的生活中却很难做到。
- 你很累，大部分时间都觉得很累。
- 你想知道自己内心的目标是什么（或者你是不是唯一没有目标的人）。
- 你觉得压力充满着你的生活。
- 你试图入睡，但无尽的担忧让你没法睡得安稳。
- 时间过得太快了，好像不够用一样。
- 你只想过得快乐。

如果你至少选中了其中的一项，那么是时候做出改变了。如果你勾选了三到五个项目，你必须马上做出改变。如果你勾选了六个或更多，那么你不应该再犹豫了！

如果你决心在你的生活中完全掌握自我赋权的过程，或者你在自我进步的过程中需要帮助，你可以与我联系：

- https://drhallett.wufoo.com/forms/z27s0v9073anw1. 我希望跟你聊聊！

- 免费视频课程：这本书附赠免费系列课程。您可以在 https://drkristinahallett.org 上注册后观看。

- "自我赋权"的歌曲清单：在 https://drkristinahallett.org 上使用你的电子邮箱注册，然后听听我留给你的歌曲清单。

- 有关"赋权"的单词 A－Z 列表：给我发送一封电邮，告诉我你最大的恐惧。我的邮箱是：kristinamhallett@gmail.com，我将每天向你发送一系列练习用的关键词，让你变得更强大。